园林工程规划设计 必读书系

园林工程识图从入门到精通

YUANLIN GONGCHENG SHITU
CONG RUMEN DAO JINGTONG

宁荣荣　李 娜　主编

化学工业出版社
·北京·

本书介绍园林工程识图的基本知识，主要内容包括园林造园组成要素及画法、园林规划设计图、园林建筑施工图、园林工程施工图等。

本书内容图文并茂，语言通俗易懂，体例清晰，具有很强的实用性和可操作性，既可供园林工程设计与施工人员学习使用，也可供高等学校园林工程相关专业师生学习参考。

图书在版编目（CIP）数据

园林工程识图从入门到精通/宁荣荣，李娜主编．—北京：化学工业出版社，2016.9（2022.1重印）

（园林工程规划设计必读书系）

ISBN 978-7-122-27512-7

Ⅰ.①园… Ⅱ.①宁…②李… Ⅲ.①造园林-工程制图-识图 Ⅳ.①TU986.2

中国版本图书馆CIP数据核字（2016）第149796号

责任编辑：董　琳　　　　　　　　　文字编辑：吴开亮
责任校对：宋　玮　　　　　　　　　装帧设计：王晓宇

出版发行：化学工业出版社（北京市东城区青年湖南街13号　邮政编码100011）
印　　装：北京虎彩文化传播有限公司
787mm×1092mm　1/16　印张13½　字数333千字　2022年1月北京第1版第7次印刷

购书咨询：010-64518888　　　　　　售后服务：010-64518899
网　　址：http://www.cip.com.cn
凡购买本书，如有缺损质量问题，本社销售中心负责调换。

定　　价：48.00元　　　　　　　　　　　　　　　　　　版权所有　违者必究

编写人员

主　　编	宁荣荣	李　娜		
副 主 编	陈远吉	陈文娟		
编写人员	宁荣荣	李　娜	陈远吉	陈文娟
	闫丽华	杨　璐	黄　冬	刘芝娟
	孙雪英	吴燕茹	张晓雯	薛　晴
	严芳芳	张立菡	张　野	杨金德
	赵雅雯	朱凤杰	朱静敏	黄晓蕊

前 言
Foreword

园林，作为我们文明的一面镜子，最能反映当前社会的环境需求和精神文化的需求，是反映社会意识形态的空间艺术，也是城市发展的重要基础，更是现代城市进步的重要标志。随着社会的发展，在经济腾飞的当前，人们对生存环境建设的要求越来越高，园林事业的发展呈现出时代的、健康的、与自然和谐共存的趋势。

在园林建设百花争艳的今天，需要一大批懂技术、懂设计的园林专业人才，以充实园林建设队伍的技术和管理水平，更好地满足城市建设以及高质量地完成园林项目的各项任务。因此，我们组织一批长期从事园林工作的专家学者，并走访了大量的园林施工现场以及相关的园林规划设计单位和园林施工单位，编写了这套丛书。

本套丛书文字简练规范，图文并茂，通俗易懂，具有实用性、实践性、先进性及可操作性，体现了园林工程的新知识、新工艺、新技能，在内容编排上具有较强的时效性与针对性。突出了园林工程职业岗位特色，适应园林工程职业岗位要求。

本套丛书依据园林行业对人才知识、能力、素质的要求，注重全面发展，以常规技术为基础，关键技术为重点，先进技术为导向，理论知识以"必需"、"够用"、"管用"为度，坚持职业能力培养为主线，体现与时俱进的原则。具体来讲，本套丛书具有以下几个特点。

（1）突出实用性。注重对基础理论的应用与实践能力的培养，通过精选一些典型的实例，进行较详细的分析，以便读者接受和掌握。

（2）内容实用、针对性强。充分考虑园林工程的特点，针对职业岗位的设置和业务要求编写，在内容上不贪大求全，但求实用。

（3）注重行业的领先性。注重多学科的交叉与整合，使丛书内容充实新颖。

（4）强调可读性。重点、难点突出，语言生动简练，通俗易懂，既利于学习又利于读者兴趣的提高。

本套丛书在编写时参考或引用了部分单位、专家学者的资料，得到了许多业内人士的大力支持，在此表示衷心的感谢。限于编者水平有限和时间紧迫，书中疏漏及不当之处在所难免，敬请广大读者批评指正。

丛书编委会
2016 年 8 月

目 录
Contents

第一章　园林造园组成要素及画法 ……………………………………… 1

第一节　园林植物的表现 …………………………………………………… 1
　一、常用园林植物 ………………………………………………………… 1
　二、园林植物的画法 …………………………………………………… 29
第二节　山石水景的表现 ………………………………………………… 38
　一、山石的表现 ………………………………………………………… 38
　二、水景的表现 ………………………………………………………… 39
第三节　园林建筑小品的表现 …………………………………………… 42
　一、亭的画法 …………………………………………………………… 42
　二、廊的画法 …………………………………………………………… 42
　三、园椅、园凳、园桌的画法 ………………………………………… 45
　四、花架的画法 ………………………………………………………… 46
　五、园路的画法 ………………………………………………………… 47
　六、园桥的画法 ………………………………………………………… 49
第四节　风景园林常用图例 ……………………………………………… 51
　一、风景名胜区与城市绿地系统规划图例 …………………………… 51
　二、园林绿地规划设计图例 …………………………………………… 59
　三、树木形态图例 ……………………………………………………… 66

第二章　园林规划设计图 …………………………………………………… 69

第一节　概述 ……………………………………………………………… 69
　一、园林规划设计图的类型 …………………………………………… 69
　二、园林规划设计图的绘制 …………………………………………… 70
第二节　园林总体规划设计图 …………………………………………… 71
　一、园林总体规划设计图的内容及作用 ……………………………… 71
　二、园林总体规划设计图绘制要求及步骤 …………………………… 72
　三、园林总体规划设计图的阅读 ……………………………………… 74
第三节　园林竖向设计图 ………………………………………………… 75
　一、等高线 ……………………………………………………………… 75
　二、园林竖向设计图的内容及作用 …………………………………… 75

三、园林竖向设计图的绘制 …………………………………………………… 77
　　四、园林竖向设计图的阅读 …………………………………………………… 78
第四节　园林植物种植设计图 ……………………………………………………… 79
　　一、园林植物种植设计图的内容及作用 ……………………………………… 79
　　二、园林植物设计图的绘制 …………………………………………………… 79
　　三、园林种植设计图的阅读 …………………………………………………… 81
第五节　园林建筑设计图 …………………………………………………………… 81
　　一、初步设计 …………………………………………………………………… 81
　　二、施工图设计 ………………………………………………………………… 81
第六节　园林绿地规划设计实例分析 ……………………………………………… 82
　　一、园林绿地的分类与布局 …………………………………………………… 82
　　二、公园规划设计 ……………………………………………………………… 84
　　三、植物园规划设计 …………………………………………………………… 90
　　四、动物园规划设计 …………………………………………………………… 92
　　五、风景区规划设计 …………………………………………………………… 93
　　六、森林公园规划设计 ………………………………………………………… 94
　　七、道路广场园林规划设计 …………………………………………………… 95

第三章　园林建筑施工图 …………………………………………………… 101

第一节　园林建筑总平面图 ………………………………………………………… 101
　　一、园林建筑总平面图的内容与作用 ………………………………………… 101
　　二、园林建筑总平面图表现手法 ……………………………………………… 101
　　三、园林建筑总平面图绘制方法与要求 ……………………………………… 101
　　四、园林建筑总平面图的阅读 ………………………………………………… 106
第二节　园林建筑平面图 …………………………………………………………… 106
　　一、园林建筑平面图的内容与作用 …………………………………………… 106
　　二、园林建筑平面图绘制方法及要求 ………………………………………… 107
　　三、园林建筑平面图的阅读 …………………………………………………… 116
第三节　园林建筑立面图 …………………………………………………………… 117
　　一、园林建筑立面图的内容与作用 …………………………………………… 117
　　二、园林建筑立面图绘制方法与要求 ………………………………………… 117
　　三、园林建筑立面图的阅读 …………………………………………………… 118
第四节　园林建筑剖面图 …………………………………………………………… 118
　　一、园林建筑剖面图的内容与作用 …………………………………………… 118
　　二、园林建筑剖面图绘制方法与要求 ………………………………………… 119
　　三、园林建筑剖面图的阅读 …………………………………………………… 119
第五节　园林建筑详图 ……………………………………………………………… 119

一、园林建筑详图的内容与作用 ··· 119

　　二、楼梯详图 ·· 121

　　三、外墙身详图 ·· 123

第六节　园林建筑结构施工图 ·· 124

　　一、结构施工图的内容 ·· 124

　　二、钢筋混凝土结构图 ·· 125

　　三、钢筋混凝土构件施工图 ·· 131

　　四、钢筋混凝土简支梁配筋图 ·· 136

　　五、基础结构施工图 ·· 136

第四章　园林工程施工图 ·· 138

第一节　园路工程施工图 ·· 138

　　一、园路的类型与作用 ·· 138

　　二、园路的构造 ·· 140

　　三、园路铺装类型 ·· 144

　　四、园路、铺地施工 ·· 147

　　五、园路施工图识读 ·· 149

第二节　园桥工程施工图 ·· 151

　　一、园桥的分类 ·· 151

　　二、园桥的建造原则与作用 ·· 153

　　三、桥的结构与构造 ·· 155

　　四、园桥施工 ·· 155

　　五、园桥施工图阅读 ·· 159

第三节　假山工程施工图 ·· 160

　　一、假山的类型与作用 ·· 160

　　二、假山的材料与山石采运 ·· 161

　　三、假山的基本结构 ·· 162

　　四、假山工程施工 ·· 163

　　五、假山工程施工图识读 ·· 168

第四节　水景工程施工图 ·· 171

　　一、水景的作用 ·· 171

　　二、水景的景观效果与表现 ·· 171

　　三、水景工程施工图识读 ·· 174

第五节　园林给排水工程施工图 ·· 176

　　一、园林给排水概述 ·· 176

　　二、园林给排水工程施工图识读 ·· 182

第六节　园林电气施工图 ·· 195

一、园林工程常用电气图例……………………………………………… 195
二、电气施工图的内容与组成…………………………………………… 205
三、电气平面图…………………………………………………………… 206
四、电气系统图…………………………………………………………… 207
五、电气详图……………………………………………………………… 207

参考文献………………………………………………………………… 208

第一章

园林造园组成要素及画法

第一节 园林植物的表现

园林植物是园林中主要的造景元素,也是园林设计中最重要的元素之一,园林植物在设计中可用来创造空间,界定空间边缘,增加环境色彩,提供绿荫,塑造空间性。另外,在平面图中,树木图形通常也能起到强化整个画面的内容的作用。因而掌握园林植物的绘制方法是园林制图的基础之一。

一、常用园林植物

我国幅员辽阔,地形多变,气候复杂,园林植物资源十分丰富。原产我国的乔灌木约8000种,在世界园林树种中占很大比例。在本节中主要介绍几种常用的园林植物。

1. 乔木

(1) 常用绿乔木及小乔木(见表1-1)

表1-1 常用绿乔木及小乔木

序号	中文名	科名	高度/m	习性	观赏特性及城市绿地用途	适用地区
1	油松	松科	25	强阳性,耐寒,耐干旱瘠薄和碱土	树冠伞形;庭荫树,行道树,园景树,风景林造林绿化,风景林	华北,西北
2	白皮松	松科	15~25	阳性,适应干冷气候,抗污染力强	树皮白色雅净;庭荫树,行道树,园景树	华北,西北,长江流域
3	黑松	松科	20~30	强阳性,抗海潮风,宜生长海滨	庭荫树,行道树,防潮林,风景林	华东沿海地区
4	马尾松	松科	30	强阳性,喜温湿气候,宜酸性土	造林绿化,风景	长江流域及其以南地区
5	日本五针松	松科	5~15	中性,较耐阴,不耐寒,生长慢	针叶细短、蓝绿色;盆景,盆栽,假山园	长江中下游地区
6	华山松	松科	20~25	弱阳性,喜温凉湿润气候	庭荫树,行道树,园景林,风景林	西南,华西,华北
7	红松	松科	20~30	弱阳性,喜冷凉湿润气候及酸性土	庭荫树,行道树,风景林	东北地区

续表

序号	中文名	科名	高度/m	习性	观赏特性及城市绿地用途	适用地区
8	赤松	松科	20~30	强阳性,耐寒,要求海岸气候	庭荫树,行道树,园景树,风景林	华东及北部沿海地区
9	平头赤松	松科	3~5	阳性,喜温暖气候,生长慢	树冠伞形,平头状;孤植,对植	华北地区
10	湿地松	松科	25	强阳性,喜温暖气候,较耐水湿	庭荫树,行道树,造林绿化	长江流域至华南
11	日本冷杉	松科	30	阴性,喜冷凉湿润气候及酸性土	树冠圆锥形;园景树,风景林	华东,华中
12	辽东冷杉	松科	25	阴性,喜冷凉湿润气候,耐寒	树冠圆锥形;园景树,风景林	东北,华北
13	白杆	松科	15~25	耐阴,喜冷凉湿润气候,生长慢	树冠圆锥形,针叶粉蓝色;园景树,风景林	华北
14	雪松	松科	15~25	弱阳性,耐寒性不强,抗污染力弱	树冠圆锥形,姿态优美;园景树,风景林	北京、大连以南各地
15	云杉	松科	45	稍耐阴,喜冷凉湿润,抗有毒气体,生长慢	树冠圆锥形,树姿优美;孤植树	陕、甘、晋、宁夏、川北
16	南洋杉	南洋杉科	30	阳性,喜暖热气候,很不耐寒	树冠狭圆锥形,姿态优美;园景树,行道树	华南
17	杉木	杉科	25	中性,喜温湿气候及酸性土,速生	树冠圆锥形;园景树,造林绿化	长江中下游至华南
18	柳杉	杉科	20~30	中性,喜温暖湿润气候及酸性土	树冠圆锥形;列植,丛植,风景林	长江流域及其以南地区
19	侧柏	柏科	15~20	阳性,耐寒,耐干旱瘠薄,抗污染	庭荫树,行道树,风景林,绿篱	华北、西北至华南
20	千头柏	柏科	2~3	阳性,耐寒性不如侧柏	树冠紧密,近球形;孤植,对植,列植	长江流域,华北
21	日本扁柏	柏科	20	中性,喜凉爽湿润气候,不耐寒	园景树,丛植	长江流域
22	云片柏	柏科	5	中性,喜凉爽湿润气候,不耐寒	树冠窄塔形;园景树,丛植,列植	长江流域
23	日本花柏	柏科	25	中性,耐寒性不强	园景树,丛植,列植	长江流域
24	柏木	柏科	25	中性,喜温暖多雨气候及钙质土	墓道树,园景树,列植,对植,造林绿化	长江以南地区
25	圆柏	柏科	15~20	中性,耐寒,稍湿,耐修剪	幼年树冠狭圆锥形;园景树,列植,绿篱	东北南部、华北至华南

续表

序号	中文名	科名	高度/m	习性	观赏特性及城市绿地用途	适用地区
26	龙柏	柏科	5～8	阳性,耐寒性不强,抗有害气体	树冠圆柱形,似龙体;对植,列植,丛植	华北南部至长江流域
27	鹿角柏	柏科	0.5～1	阳性,耐寒	丛生状,干枝向四周斜展;庭园点缀	长江流域,华北
28	翠柏	柏科	0.5～1	喜阳,耐瘠薄,喜排水良好的土壤	直立灌木,多分枝;庭植,盆景	我国各地,华北盆栽较多
29	铺地柏	柏科	0.3～0.5	阳性,耐寒,耐干旱	匍匐灌木;布置岩石园,地被	长江流域,华北
30	沙地柏	柏科	0.5～1	阳性,耐寒,耐干旱性强	匍匐状灌木,枝斜上;地被,保土,绿篱	西北,内蒙古,华北
31	刺柏	柏科	12	中性,喜温暖多雨气候及钙质土	树冠狭圆锥形;列植,丛植,绿篱	长江流域,西南,西北
32	英骆柏	柏科	12～23	中性偏阴,喜温暖多雨气候及石灰质土壤	树冠狭圆锥形,小枝下垂	华东及华南
33	杜松	柏科	6～10	阳性,耐寒;耐干瘠,抗海潮风	树冠狭圆锥形;列植,丛植,绿篱	华北,东北
34	罗汉松	罗汉松科	10～20	半阴性,喜温暖湿润气候,不耐寒	树形优美,观叶、观果;孤植,对植,丛植	长江以南各地
35	紫衫	红豆杉科	10～20	阴性,喜冷凉湿润气候,耐寒	树形端正;孤植,丛植,绿篱	东北
36	香榧	紫杉科	25	耐阴,不耐寒,喜酸性土,抗烟尘和有害气体	树形广圆锥形,庭荫树	长江南至闽北
37	粗榧	粗榧科	12	阴性,耐修剪	树冠广圆锥形;孤植	长江流域及其以南各省
38	瑞香	瑞香科	2	阳性,好酸性土壤	花淡、花紫,芳香,3～4月;庭植,盆栽	长江流域
39	金丝桃	金丝桃科	1	阳性,不耐积水	花金黄,6～8月,常绿半常绿;庭植,花境,盆栽	华东、华中、华南
40	金丝梅	金丝桃科	1	阳性,不耐积水	花金黄,6～8月,常绿半常绿;庭植,花境,盆栽	华东、华中、华南
41	广玉兰	木兰科	15～25	阳性,喜温暖湿润气候,抗污染	花大,白色,6～7月;庭荫树,行道树	长江流域及其以南地区
42	白兰花	木兰科	8～15	阳性,喜暖热,不耐寒,喜酸性土	花白色,浓香,5～9月;庭荫树,行道树	华南
43	含笑	木兰科	2～5	弱阳性,耐阴,不耐寒	花淡黄,芳香,3～7月;庭植,盆栽	长江流域及其以南各省

续表

序号	中文名	科名	高度/m	习性	观赏特性及城市绿地用途	适用地区
44	黄兰	木兰科	10	阳性,不耐碱	花淡黄,浓香;庭荫树	华南
45	红楠	樟科	20	阳性,稍耐阴	花期4月;庭荫树,工厂绿化,防护林	长江以南各省
46	大叶楠	樟科	28	阳性,稍耐阴	花白,5月;庭荫树	长江以南各省
47	柑橘类	芸香科	1~2	阳性,喜肥,排水良好土壤;抗性强	花白,有香气,果黄、橙红、橙黄;庭荫树,工厂绿化	长江以南各省
48	冬青	冬青科	10	阳性,耐湿和修剪,抗性强,抗SO_2	果深红,冬叶紫红;庭荫树,绿篱	长江以南各省
49	樟树	樟科	10~20	弱阳性,喜温暖湿润,较耐水湿	树冠卵圆形;庭荫树,行道树,风景林	长江流域至珠江流域
50	台湾相思	豆科	6~15	阳性,喜暖热气候,耐干瘠,抗风	花黄色,4~6月;庭荫树,行道树,防护林	华南
51	羊蹄甲	豆科	10	阳性,喜暖热气候,不耐寒	花玫瑰红色,10月;行道树,庭园景风景树	华南
52	蚊母	金缕梅科	5~15	阳性,喜温暖气候,抗有毒气体	花紫红色,4月;街道及工厂绿化,庭荫树	长江中下游至东南部
53	苦槠	山毛榉科	15	中性,喜温暖气候,抗有毒气体	枝叶茂密;防护林,工厂绿化,风景林	长江以南地区
54	青冈栎	山毛榉科	15	中性,喜温暖湿润气候	枝叶茂密;庭荫树,园景树,风景林	长江以南地区
55	木麻黄	木麻黄科	20	阳性,喜暖热,耐干瘠及盐碱土	行道树,防护林,海岸造林	华南
56	榕树	桑科	20~25	阳性,喜暖热多雨气候及酸性土	树冠大而圆整;庭荫树,行道树,园景树	华南
57	印度橡皮树	桑科	15~20	喜肥和湿润土壤	树冠6~8m;庭荫树	华南
58	黄葛树	桑科	15~26	喜湿润和肥土;抗烟尘、SO_2	树冠开展,皮褐色;庭荫树	华南、西南
59	银桦	山龙眼科	20~25	阳性,喜温暖,不耐寒,生长快	干直冠大,花橙黄色,5月;庭荫树,行道树	西南,华南
60	大叶桉	桃金娘科	25	阳性,喜暖热气候,生长快	行道树,庭荫树,防风林	华南、西南

续表

序号	中文名	科名	高度/m	习性	观赏特性及城市绿地用途	适用地区
61	柠檬桉	桃金娘科	30	阳性,喜暖热气候,生长快	树干洁净,树姿优美;行道树,风景林	华南
62	蓝桉	桃金娘科	30	阳性,喜温暖,不耐寒,生长快	行道树,庭荫树,造林绿化	西南,华南
63	白千层	桃金娘科	35	阳性,喜暖热,耐干旱和水湿	行道树,防护林	华南
64	女贞	木犀科	6~12	弱阳性,喜温湿,抗污染,耐修剪	花白色,6月;绿篱、行道树,工厂绿化	长江流域及其以南地区
65	小叶女贞	木犀科	2~3	阳性,稍耐阴,耐修剪,抗性强	花8~9月,有香气;庭植,绿篱	华东、华中
66	茉莉	木犀科	1	阳性,稍耐阴,不耐寒,喜温暖湿润气候及酸性土壤	花白色,芳香;庭植	闽、粤、川、湘、鄂
67	桂花	木犀科	10~12	阳性,喜温暖湿润气候	花黄、白色,浓香,9月;庭园观赏,盆栽	长江流域及其以南地区
68	棕榈	棕榈科	5~10	中性,喜温湿气候抗有毒气体	工厂绿化,行道树,对植、丛植,盆栽	长江流域及其以南地区
69	蒲葵	棕榈科	8~15	阳性,喜暖热气候,抗有毒气体	庭荫树,行道树,对植、丛植,盆栽	华南
70	王棕	棕榈科	15~20	阳性,喜暖热气候,不耐寒	树形优美;行道树,园景树,丛植	华南
71	皇后葵	棕榈科	10~15	阳性,喜暖热气候,不耐寒	树形优美;行道树,园景树,丛植	华南
72	芒果	漆树科	5~9	阳性,耐海水,抗SO_2、Cl_2	树冠密球形,花红色,果淡黄,嫩叶红色;庭荫树,行道树	华南、福建、台湾
73	扁桃	漆树科	3~4	喜温暖;抗SO_2、Cl_2,树干挺直,树冠茂密	树干挺直,树冠茂密,球形或卵形;庭荫树,行道树	华南、云南

(2) 落叶乔木(见表1-2)

表1-2 落叶乔木

序号	中文名	科名	高度/m	习性	观赏特性及城市绿地用途	适用地区
1	金钱松	松科	20~30	阳性,喜温暖多雨气候及酸性土	树冠圆锥形,秋叶金黄;庭荫树,园景树	长江流域
2	落叶松	松科	30	阳性,不耐风和海潮	树冠幼年呈塔状,老树开阔;庭荫树	东北

续表

序号	中文名	科名	高度/m	习性	观赏特性及城市绿地用途	适用地区
3	水松	杉科	8~10	阳性,耐喜热多雨气候,耐水湿	树冠狭圆锥形;庭荫树,防风、护堤树	华南
4	水杉	杉科	20~30	阳性,喜温暖,较耐寒,耐盐碱	树冠狭圆锥形,列植、丛植,风景林	长江流域,华北南部
5	落羽杉	杉科	20~30	阳性,喜温暖,不耐寒,耐水湿	树冠狭圆锥形;秋色叶;护岸树,风景林	长江流域及其以南地区
6	皂荚	豆科	20	阳性,耐寒,耐干旱,抗污染力强	树冠广阔,叶密荫浓;庭荫树	华北至华南
7	山皂荚	豆科	15~25	阳性,耐寒,耐干旱,抗污染力强	树冠广阔,叶密荫浓;庭荫树,行道树	东北、华北至华东
8	凤凰木	豆科	15~20	阳性,喜暖热气候,不耐寒,速生	花红色,5~8月;庭荫观赏树,行道树	两广南部及滇南
9	合欢	豆科	10~15	阳性,耐寒,耐干旱瘠薄	花粉红色,6~7月;庭荫观赏树,行道树	华北至华南
10	槐树	豆科	15~25	阳性,耐寒,抗性强,耐修剪	枝叶茂密,树冠宽广;庭荫树,行道树	华北,西北,长江流域
11	乔木刺桐	豆科	20	阳性,不耐烟尘	树皮有刺,花朱红色,春季开花;庭荫树,行道树	华南
12	池杉	杉科	15~25	阳性,喜温暖,不耐寒,极耐湿	树冠狭圆锥形,秋色叶;水滨湿地绿化	长江流域及其以南地区
13	银杏	银杏科	20~30	阳性,耐寒,抗多种有毒气体	秋叶黄色;庭荫树,行道树,孤植,对植	沈阳以南、华北至华南
14	鹅掌楸	木兰科	20~25	阳性,喜温暖湿润气候	花黄绿色,4~5月;庭荫观赏树,行道树	长江流域及其以南地区
15	厚朴	木兰科	15~20	阳性,耐侧方庇荫	花白色,芳香;庭荫树	长江以南各省,鄂、陕西
16	檫木	樟科	35	阳性	树冠广卵形、椭圆形;庭荫树	长江流域以南各省
17	灯台树	山茱萸科	20	阳性	树冠圆锥形,花白,5~6月,果蓝黑,9~10月;庭荫树,行道树	东北南至西南各省
18	刺槐	豆科	15~25	阳性,适应性强,浅根性,生长快	花白色,5月;行道树,庭荫树,防护林	南北各地
19	珙桐	珙桐科	20	阳性,耐半阴	树冠圆锥形,花4~5月;庭荫树,行道树	鄂西、桂、川中

续表

序号	中文名	科名	高度/m	习性	观赏特性及城市绿地用途	适用地区
20	喜树	蓝果树科	20～25	阳性,喜温暖,不耐寒,生长快	庭荫树,行道树	长江以南地区
21	刺楸	五加科	10～15	弱阳性,适应性强,深根性,速生	庭荫树、行道树	南北各地
22	枫香	金缕梅科	30	阳性,喜温暖湿润气候,耐干瘠	秋叶红艳,庭荫树,风景林	长江流域及其以南地区
23	悬铃木	悬铃木科	15～25	阳性,喜温暖,抗污染,耐修剪	冠大荫浓;行道树,庭荫树	华北南部至长江流域
24	毛白杨	杨柳科	20～30	阳性,喜温凉气候,抗污染,速生	行道树,庭荫树,防护林	华北,西北,长江下游
25	银白杨	杨柳科	15～25	阳性,喜温暖,抗污染,耐修剪	冠大荫浓;行道树,庭荫树	华北南部至长江流域
26	新疆杨	杨柳科	20～25	阳性,耐大气干旱及盐渍土	树冠圆柱形,优美;行道树,风景树,防护林	西北,华北
27	加杨	杨柳科	25～30	阳性,喜温凉气候,耐水湿、盐碱	行道树,庭荫树,防护林	华北至长江流域
28	钻天杨	杨柳科	30	阳性,喜温凉气候,耐水湿	树冠圆柱形,行道树,防护林,风景树	华北,东北,西北
29	箭杆杨	杨柳科	30	阳性,适应寒冷气候,稍耐盐碱土	树冠圆柱形,行道树,防护林,风景树	西北
30	胡桃	胡桃科	15～25	阳性,耐干冷气候,不耐湿热	庭荫树,行道树,干果树	华北、西北至西南
31	核桃楸	胡桃科	20	阳性,耐寒性强	庭荫树,行道树	东北,华北
32	薄壳山核桃	胡桃科	20～25	阳性,喜温湿气候,较耐水湿	庭荫树,行道树,干果树	华东
33	枫杨	胡桃科	20～30	阳性,适应性强,耐水湿,速生	庭荫树,行道树,护岸树	长江流域,华北
34	榆树	榆科	20	阳性,适应性强,耐旱,耐盐碱土	庭荫树,行道树,防护林	东北,华北至长江流域
35	榔榆	榆科	15	弱阳性,喜温暖,抗烟尘及毒气	树形优美;庭荫树,行道树,盆景	长江流域及其以南地区
36	榉树	榆科	15	弱阳性,喜温暖,耐烟尘,抗风	树形优美;庭荫树,行道树,盆景	长江中下游地区至华南
37	小叶朴	榆科	10～15	中性,耐寒,耐干旱,抗有毒气体	庭荫树,绿化造林,盆景	东北南部,华北

续表

序号	中文名	科名	高度/m	习性	观赏特性及城市绿地用途	适用地区
38	珊瑚朴	榆科	23	阳性	树冠大而优美,冬春枝上有红褐色花絮;庭荫树	长江流域地区
39	朴树	榆科	15~20	弱阳性,喜温暖,抗烟尘及毒气	庭荫树,盆景	江淮流域至华南
40	桑树	桑科	10~15	阳性,适应性强,抗污染,耐水湿	庭荫树,工厂绿化	南北各地
41	构树	桑科	15	阳性,适应性强,抗污染,耐干瘠	庭荫树,行道树,工厂绿化	华北至华南
42	青杨	杨柳科	30	阳性,耐干冷气候,生长快	行道树,庭荫树,防护林	北部及西北部
43	小叶杨	杨柳科	20	阳性,抗风固沙	树广卵形;庭荫树,行道树,护堤树;片植	东北、华北、华中
44	旱柳	杨柳科	15~20	阳性,耐寒,耐湿,耐旱,速生	庭荫树,行道树,护岸树	东北,华北,西北
45	绦柳	杨柳科	15	阳性,耐寒,耐湿,耐旱,速生	小枝下垂;庭荫树,行道树,护岸树	东北,华北,西北
46	馒头柳	杨柳科	10~15	阳性,耐寒,耐湿,耐旱,速生	树冠半球形;庭荫树,行道树,护岸树	东北,华北,西北
47	龙爪柳	杨柳科	10	阳性,耐寒,生长势较弱,寿命短	枝条扭曲如龙游;庭荫树,观赏树	东北,华北,西北
48	垂柳	杨柳科	18	阳性,喜温暖及水湿,耐旱,速生	枝细长下垂;庭荫树,观赏树,护岸树	长江流域至华南地区
49	白桦	桦木科	15~20	阳性,耐严寒,喜酸性土,速生	树皮白色;庭荫树,行道树,风景林	东北,华山(高山)
50	板栗	山毛榉科	15	阳性,适应性强,深根性	庭荫树,干果树	辽、华北至华南、西南
51	麻栎	山毛榉科	25	阳性,适应性强,耐干旱瘠薄	庭荫树,防护林	辽、华北至华南
52	栓皮栎	山毛榉科	25	阳性,适应性强,耐干旱瘠薄	庭荫树,防护林	华北至华南、西南
53	槲树	山毛榉科	25	阳性,耐阴和烟尘	树冠卵圆形;庭荫树,工矿绿化	东北南部至华中
54	梧桐	梧桐科	10~15	阳性,喜温暖湿润,抗污染,怕涝	枝干青翠,叶大荫浓;庭荫树,行道树	长江流域,华北南部

续表

序号	中文名	科名	高度/m	习性	观赏特性及城市绿地用途	适用地区
55	木棉	木棉科	25～35	阳性,喜暖热气候,耐干旱,速生	花大,红色,2～3月;行道树,庭荫观赏树	华南
56	乌桕	大戟科	10～15	阳性,喜温暖气候,耐水湿,抗风	秋叶红艳;庭荫树、堤岸树	长江流域至珠江流域
57	重阳木	大戟科	10～15	阳性,喜暖气候,耐水湿,抗风	行道树,庭荫树,堤岸树	长江中下游地区
58	油桐	大戟科	8	阳性,喜温暖,不耐阴和水湿	树冠扁球形,花期4～5月	长江以南
59	沙枣	胡颓子科	5～10	阳性,耐干旱、低湿及盐碱	叶银白色,花黄色,7月;庭荫树,风景树	西北,华北,东北
60	枳椇	鼠李科	10～20	阳性,喜温暖气候	叶大荫浓;庭荫树,行道树	长江流域及其以南地区
61	酸枣	鼠李科	10	阳性,适应性和抗性强	树冠长圆形,花黄绿,4～5月,果9月;庭荫树,绿篱	黄河及淮河流域
62	柿树	柿树科	10～15	阳性,喜温暖,耐寒,耐干旱	秋叶红色,果橙黄色,秋季;庭荫树,果树	东北南部至华南、西南
63	君迁子	柿树科	20	阳性,耐半阴,抗性强	树冠球形,果黑色;庭荫树、行道树、湖岸树	东北南部至西南、东南
64	臭椿	苦木科	20～25	阳性,耐干瘠、盐碱,抗污染	树形优美;庭荫树,行道树,工厂绿化	华北、西北至长江流域
65	香椿	楝科	20	阳性,不耐阴,抗性强	树冠圆球形;庭荫树,行道树	华北至华南各省
66	楝树	楝科	10～15	阳性,喜温暖,抗污染,生长快	花紫色,5月;庭荫树,行道树,四旁绿化	华北南部至华南、西南
67	川楝	楝科	15	阳性,喜温暖,不耐寒,生长快	庭荫树,行道树,四旁绿化	中部至西南部
68	栾树	无患子科	10～12	阳性,较耐寒,耐干旱,抗烟尘	花金黄,6～7月;庭荫树,行道树,观赏树	辽、华北至长江流域
69	全缘栾树	无患子科	15	阳性,喜温暖气候,不耐寒	花金黄,7～9月,果淡红;庭荫树,行道树	长江以南地区
70	无患子	无患子科	15～20	弱阳性,喜温湿,不耐寒,抗风	树冠广卵形;庭荫树,行道树	长江流域及其以南地区
71	黄连木	漆树科	15～20	弱阳性,耐干旱瘠薄,抗污染	秋叶橙黄或红色;庭荫树,行道树	华北至华南、西南

续表

序号	中文名	科名	高度/m	习性	观赏特性及城市绿地用途	适用地区
72	南酸枣	漆树科	20	阳性;喜温暖,耐干瘠,生长快	冠大荫浓;庭荫树,行道树	长江以南及西南各地
73	黄葛树	桑科	15~25	阳性,喜温热气候,不耐寒,耐热	冠大荫浓;庭荫树,行道树	华南,西南
74	杜仲	杜仲科	15~20	阳性,喜温暖湿润气候,较耐寒	庭荫树,行道树	长江流域,华北南部
75	糠椴	椴树科	15	弱阳性,喜冷冻湿润气候,耐寒	树姿优美,枝叶茂密;庭荫树,行道树	东北,华北
76	蒙椴	椴树科	5~10	中性,喜冷冻湿润气候,耐寒	树姿优美,枝叶茂密;庭荫树,行道树	东北,华北
77	紫椴	椴树科	15~20	中性,耐寒性强,抗污染	树姿优美,枝叶茂密;庭荫树,行道树	东北,华北
78	火炬树	漆树科	4~6	阳性,适应性强,抗旱,耐盐碱	秋叶红艳;风景林,荒山造林	华北,西北,东北南部
79	元宝枫	槭树科	10	中性,喜温凉气候,抗风	秋叶黄或红色;庭荫树,行道树,风景林	华北,东北南部
80	三角枫	槭树科	10~15	弱阳性,喜温湿气候,较耐水湿	庭荫树,行道树,护岸树,绿篱	长江流域各地
81	鸡爪槭	槭树科	10	阳性,喜温暖湿润,耐修剪,抗性强	树姿、叶色美;庭荫树	华东,华中
82	茶条槭	槭树科	6	弱阳性,耐寒,抗烟尘	秋叶红色,翅果成熟前红色;庭园风景林	东北,华北至长江流域
83	羽叶槭	槭树科	15	阳性,喜冷凉气候,耐烟尘	庭荫树,行道树,防护林	东北,华北
84	七叶树	七叶树科	20	弱阳性,喜温暖湿润,不耐严寒	花白色,5~6月;庭荫树,行道树,观赏树	黄河中下游至华东
85	流苏树	木犀科	6~15	阳性,耐寒,也喜温暖	花白色,5月;庭荫观赏树,丛植,孤植	黄河中下游及其以南
86	白蜡树	木犀科	10~15	弱阳性,耐寒,耐低湿,抗烟尘	庭荫树,行道树,堤岸树	东北,华北至长江流域
87	洋白蜡	木犀科	10~15	阳性,耐寒,耐低湿	庭荫树,行道树,防护林	东北南部,华北
88	绒毛白蜡	木犀科	8~12	阳性,耐低洼、盐碱地,抗污染	庭荫树,行道树,工厂绿化	华北

续表

序号	中文名	科名	高度/m	习性	观赏特性及城市绿地用途	适用地区
89	水曲柳	木犀科	10～20	弱阳性,耐寒,喜肥沃湿润土壤	庭荫树,行道树	华北
90	梓树	紫葳科	10～15	弱阳性,适生于温带地区,抗污染	花黄白色,5～6月;庭荫树,行道树	黄河中下游地区
91	楸树	紫葳科	10～20	弱阳性,喜温和气候,抗污染	白花有紫斑,5月;庭荫观赏树,行道树	黄河流域至淮河流域
92	蓝花楹	紫葳科	10～15	阳性,喜暖热气候,不耐寒	花蓝色,5月;庭荫观赏树,行道树	华南
93	大花紫薇	千屈菜科	8～12	阳性,喜温热气候,不耐寒	花淡紫红色,夏秋;庭荫观赏树,行道树	华南
94	泡桐	玄参科	15～20	阳性,喜温暖气候,不耐寒,速生	花白色,4月;庭荫树,行道树	长江流域及其以南地区
95	毛泡桐	玄参科	10～15	强阳性,喜温暖,较耐寒,速生	白花有紫斑,4～5月;庭荫树,行道树	黄河中下游至淮河流域
96	苏铁	苏铁科	2	中性,喜温暖湿润气候及酸性土	姿态优美;庭园观赏,盆栽,盆景	华南,西南
97	含笑	木兰科	2～3	中性,喜温暖湿润气候及酸性土	花淡黄色,浓香,4～5月;庭园观赏,盆栽	长江以南地区
98	枇杷	蔷薇科	4～6	弱阳性,喜温暖湿润,不耐寒	叶大荫浓,初夏黄果;庭园观赏,果树	南方各地
99	石楠	蔷薇科	3～5	弱阳性,喜温暖,耐干旱瘠薄	嫩叶红色,秋冬红果;庭园观赏,丛植	华东,中南,西南
100	苹果	蔷薇科	15	阳性,喜冷凉、干燥气候	树冠卵圆形、扁球形,花白带红,花期4～5月;庭荫树	华北南部至长江流域、川、滇
101	洒金珊瑚	山茱萸科	2～3	阴性,喜温暖湿润,不耐寒	叶有黄斑点,果红色;庭园观赏,盆栽	长江以南各地
102	珊瑚树	忍冬科	3～5	中性,喜温暖,抗烟尘,耐修剪	白花6月,红果9～10月;绿篱,庭园观赏	长江流域及其以南地区
103	黄杨	黄杨科	2～3	中性,抗污染,耐修剪,生长慢	枝叶细密;庭园观赏丛植,绿篱,盆栽	华北至华南、西南
104	雀舌黄杨	黄杨科	0.5～1	中性,喜温暖,不耐寒,生长慢	枝叶细密;庭园观赏,丛植,绿篱,盆栽	长江流域及其以南地区
105	锦熟黄杨	黄杨科	0.5～1	耐阴,畏烈日,抗性强	枝叶紧密;庭植,绿篱,盆栽	华北,华东至华南各省

续表

序号	中文名	科名	高度/m	习性	观赏特性及城市绿地用途	适用地区
106	小叶黄杨	黄杨科	0.6~1	耐阴,畏烈日,抗性强	枝叶紧密;庭植,绿篱,盆栽	长江流域及其以南各省
107	海桐	海桐科	2~4	中性,喜温湿,不耐寒,抗海潮风	白花芳香,5月;基础种植,绿篱,盆栽	长江流域及其以南地区
108	山茶花	山茶科	2~5	中性,喜温湿气候及酸性土壤	花白、粉、红,2~4月;庭园观赏,盆栽	长江流域及其以南地区
109	茶梅	山茶科	3~6	弱阳性,喜温暖气候及酸性土壤	花白、粉、红,11月到次年1月;庭园观赏	长江以南地区
110	云南山茶	山茶科	15	喜半阴及湿润,不耐碱、寒和酷热	花浅红或深紫;庭植	长江以南地区
111	油茶	山茶科	8	阳性,不耐碱,抗SO_2,吸氧	花白10~12月;庭植,片植,花篱	长江及珠江流域
112	枸骨	冬青科	1.5~3	弱阳性,抗有毒气体,生长慢	绿叶红果;基础种植,丛植,盆栽	长江中下游各地
113	大叶黄杨	卫矛科	2~5	中性,喜温湿气候,抗有毒气体	观叶;绿篱,基础种植,丛植,盆栽	华北南部至华南、西南
114	胡颓子	胡颓子科	2~3	弱阳性,喜温暖,耐干旱、水湿	秋花银白芳香,红果5月;基础种植,盆景	长江下游及其以南
115	云南黄馨	木犀科	1.5~3	中性,喜温暖,不耐寒	枝拱垂,花黄色,4月;庭园观赏,盆栽	长江流域,华南,西南
116	夹竹桃	夹竹桃科	2~4	阳性,喜温暖湿润气候,抗污染	花粉红,5~10月;庭园观赏,花篱,盆栽	长江以南地区
117	栀子花	茜草科	1~1.6	中性,喜温暖气候及酸性土壤	花白色,浓香,6~8月;庭园观赏,花篱	长江流域及其以南地区
118	南天竹	小檗科	1~2	中性,耐阴,喜温暖湿润气候	枝叶秀丽,秋冬红果,庭园观赏,丛植,盆栽	长江流域及其以南地区
119	十大功劳	小檗科	1~1.5	耐阴,喜温暖湿润气候,不耐寒	花黄色,果蓝黑色;庭园观赏,丛植,绿篱	长江流域及其以南地区
120	阔叶十大功劳	山茶科	4	耐阴,喜湿润,不耐寒	花黄4~5月,果黑9~10月;庭植,绿篱,盆栽	我国中部及南部
121	凤尾兰	百合科	1.5~3	阳性,喜亚热带气候,不耐严寒	花乳白色,夏、秋;庭园观赏,丛植	华北南部至华南
122	丝兰	百合科	0.5~2	阳性,喜亚热带气候,不耐严寒	花乳白色,6~7月;庭园观赏,丛植	华北南部至华南

续表

序号	中文名	科名	高度/m	习性	观赏特性及城市绿地用途	适用地区
123	棕竹	棕榈科	1.5~3	阳性,喜湿润的酸性土,不耐寒	观叶;庭园观赏,丛植,基础种植,盆栽	华南,西南
124	筋斗竹	棕榈科	2~3	阴性,喜湿润的酸性土,不耐寒	观叶;庭园观赏,丛植,基础种植,盆栽	华南,西南

2. 灌木与藤本植物

（1）常用灌木（见表1-3）

表1-3 常用灌木

序号	中文名	科名	高度/m	习性	观赏特性及城市绿地用途	适用地区
1	玉兰	木兰科	4~8	阳性,稍耐阴,颇耐寒,怕积水	花大洁白,3~4月;庭园观赏,对植,列植	华北至华南、西南
2	紫玉兰	木兰科	2~4	阳性,喜温暖,不耐严寒	花大紫色,3~4月;庭园观赏,丛植	华北至华南、西南
3	二乔玉兰	木兰科	3~6	阳性,喜温暖气候,较耐寒	花白带淡黄色,3~4月;庭园观赏	华北至华南、西南
4	木兰	木兰科	3~5	阳性,华北需小气候和防寒	花紫白,3~4月,先花后叶,庭植	长江流域以南各省,华北、西北等地
5	白鹃梅	蔷薇科	2~3	弱阳性,喜温暖气候,较耐寒	花白色美丽,4月;庭园观赏,丛植	华北至长江流域
6	笑靥花	蔷薇科	1.5~2	阳性,喜温暖湿润气候	花小,白色美丽,4月;庭园观赏,丛植	长江流域及其以南地区
7	珍珠花	蔷薇科	1.5~2	阳性,喜温暖气候,较耐寒	花小,白色美丽,4月;庭园观赏,丛植	东北南部、华北至华南
8	麻叶绣线菊	蔷薇科	1~1.5	中性,喜温暖气候	花小,白色美丽,4月;庭园观赏,丛植	长江流域及其以南地区
9	菱叶绣线菊	蔷薇科	1~2	中性,喜温暖气候,较耐寒	花小,白色美丽,4~5月;庭园观赏,丛植	华北至华南、西南
10	粉花绣线菊	蔷薇科	1	阳性,喜温暖气候	花粉红花,6~7月;庭园观赏,丛植,花篱	华北南部至长江流域
11	珍珠梅	蔷薇科	1.5~2	耐阴,耐寒,对土壤要求不严	花小白色,6~8月;庭园观赏,丛植,花篱	华北,西北,东北南部
12	月季	蔷薇科	1~1.5	阳性,喜温暖气候,较耐寒	花红、紫,5~10月;庭园观赏,丛植,盆栽	东北南部至华南、西南

续表

序号	中文名	科名	高度/m	习性	观赏特性及城市绿地用途	适用地区
13	现代月季	蔷薇科	1~1.5	阳性,喜温暖气候,较耐寒	花色丰富,5~10月;庭植,专类园,盆栽	东北南部至华南、西南
14	玫瑰	蔷薇科	1~2	阳性,耐寒,耐干旱,不耐积水	花紫红,5月;庭园观赏,丛植,花篱	东北、华北至长江流域
15	黄刺玫	蔷薇科	1.5~2	阳性,耐寒,耐干旱	花黄色,4~5月;庭园观赏,丛植,花篱	华北,西北,东北南部
16	棣棠	蔷薇科	1~2	中性,喜温暖湿润气候,较耐寒	花金黄,4~5月;枝干绿色,丛植,花篱	华北至华南、西南
17	鸡麻	蔷薇科	1~2	中性,喜温暖气候,较耐寒	花白色,4~5月;庭园观赏,丛植	北部至中部、东部
18	杏	蔷薇科	5~8	阳性,耐寒,耐干旱,不耐涝	花粉红,3~4月;庭园观赏,片植,果树	东北、华北至长江流域
19	李	蔷薇科	10	阳性,耐半阴,耐涝;适应性强	树冠长圆形,花白,先花后叶,红紫7月,果黄;庭荫树	南北各省及原产中部
20	稠李	蔷薇科	15	阳性,稍耐阴	花白色,小朵成串下垂;庭荫树	辽、冀、西北
21	梅	蔷薇科	3~6	阳性,喜温暖气候,怕涝,寿命长	花红、粉、白,芳香,23月;庭植,片植	长江流域及其以南地区
22	桃	蔷薇科	3~5	阳性,耐干旱,不耐水湿	花粉红,3~4月;庭园观赏,片植,果树	东北南部、华北至华南
23	碧桃	蔷薇科	3~5	阳性,耐干旱,不耐水湿	花粉红,重瓣,3~4月;庭植,片植,列植	东北南部、华北至华南
24	山桃	蔷薇科	4~6	阳性,耐寒,耐干旱,耐碱土	花淡粉、白,3~4月;庭园观赏,片植	东北、华北,西北
25	紫叶李	蔷薇科	3~5	弱阳性,喜温暖湿润气候,较耐寒	叶紫红色,花淡粉红,3~4月;庭园点缀	华北至长江流域
26	蜡梅	蜡梅科	1.5~2	阳性,喜温暖,耐干旱,忌水湿	花黄色,浓香,1~2月;庭园观赏,丛植	华北南部至长江流域
27	紫荆	豆科	2~3	阳性,耐干旱瘠薄,不耐涝	花紫红,3~4月叶前开放;庭园观赏,盆栽	华北、西北至华南
28	毛刺槐	豆科	2	阳性,耐寒,喜排水良好土壤	花紫粉,6~7月;庭园观赏,草坪丛植	东北,华北
29	龙爪槐	豆科	3~5	阳性,耐寒	枝下垂,树冠伞形;庭园观赏,对植,列植	华北,西北,长江流域

续表

序号	中文名	科名	高度/m	习性	观赏特性及城市绿地用途	适用地区
30	紫穗槐	豆科	1~2	阳性,耐水湿,干瘠和轻盐碱土	花暗紫,5~6月;护坡固堤,林带下木	南北各地
31	锦鸡儿	豆科	1~1.5	中性,耐寒,耐干旱瘠薄	花橙黄,4月;庭园观赏,岩石园,盆景	华北至长江流域
32	樱花	蔷薇科	3~5	阳性,较耐寒,不耐烟尘和毒气	花粉白,4月;庭园观赏,丛植,行道树	东北、华北至长江流域
33	东京樱花	蔷薇科	5~8	阳性,较耐寒,不耐烟尘	花粉红,4月;庭园观赏,丛植,行道树	华北至长江流域
34	日本晚樱	蔷薇科	4~6	阳性,喜温暖气候,较耐寒	花粉红,4月;庭园观赏,丛植,行道树	华北至长江流域
35	榆叶梅	蔷薇科	1.5~3	弱阳性,耐寒,耐干旱	花粉、红、紫,4月;庭园观赏,丛植,列植	东北南部,华北,西北
36	郁李	蔷薇科	1~1.5	阳性,耐寒,耐干旱	花粉、白,4月;果红色;庭园观赏,丛植	东北,华北至华南
37	麦李	蔷薇科	1~1.5	阳性,较耐寒,适应性强	花粉、白,4月;果红色;庭园观赏,丛植	华北至长江流域
38	平枝栒子	蔷薇科	0.5	阳性,耐寒,适应性强	匍匐状,秋冬果鲜红;基础种植,岩石园	华北、西北至长江流域
39	火棘	蔷薇科	2~3	阳性,喜温暖气候,不耐寒	春白花,秋冬红果;基础种植,丛植,篱植	华东,华中,西南
40	花楸	蔷薇科	8	阳性,较耐阴	花白5月,果红10月;庭植	东北南部,华北,华中
41	山楂	蔷薇科	3~5	弱阳性,耐寒,耐干旱瘠薄土壤	春白花,秋红果;庭园观赏,果树	东北南部,华北
42	木瓜	蔷薇科	3~5	阳性,喜温暖,不耐低湿和盐碱土	花粉红,4~5月;秋果黄色;庭园观赏	长江流域至华南
43	贴梗海棠	蔷薇科	1~2	阳性,喜温暖气候,较耐寒	花纷、红,4月;秋果黄色;庭园观赏	华北至长江流域
44	海棠果	蔷薇科	4~6	阳性,耐寒性强,耐旱,耐碱土	花白,4~5月;秋果红色;庭园观赏,果树	东北,华北,西北
45	海棠花	蔷薇科	4~6	阳性,耐寒,耐干旱,忌水湿	花纷红,单或重瓣,4~5月;庭园观赏	东北南部,华北,华东
46	垂丝海棠	蔷薇科	3~5	阳性,喜温暖湿润,耐寒性不强	花鲜玫瑰红色,4~5月;庭园观赏,丛植	华北南部至长江流域

续表

序号	中文名	科名	高度/m	习性	观赏特性及城市绿地用途	适用地区
47	白梨	蔷薇科	4~6	阳性,喜干冷气候,耐寒	花白色,4月;庭园观赏,果树	东北南部,华北,西北
48	沙梨	蔷薇科	5~8	阳性,喜温暖湿润气候	花白色,3~4月;庭园观赏,果树	长江流域至华南、西南
49	狭叶火棘	蔷薇科	3	强阳性,耐修剪,不耐寒	花白5~6月,果红9~10月;庭植、丛植、孤植或绿篱	西南,中部
50	糯米条	忍冬科	1~2	中性,喜温暖,耐干旱,耐修剪	花白带粉,芳香,8~9月;庭园观赏,花篱	长江流域至华南
51	猬实	忍冬科	2~3	阳性,颇耐寒,耐干旱瘠薄	花粉红,5月,果似刺猬;庭园观赏,花篱	华北,西北,华中
52	锦带花	忍冬科	1~2	阳性,耐寒,耐干旱,怕涝	花玫瑰红色,4~5月;庭园观赏,草坪丛植	东北,华北
53	海仙花	忍冬科	2~3	弱阳性,喜温暖,颇耐寒	花黄白变红,5~6月;庭园观赏,草坪庭植	华北,华东,华中
54	木本绣球	忍冬科	2~3	弱阳性,喜温暖,不耐寒	花白色,成绣球形,5~6月;庭植观花	华北南部至长江流域
55	蝴蝶树	忍冬科	2~3	中性,耐寒,耐干旱	花白色,4~5月,秋果红色;庭园观赏	长江流域至华南、西南
56	天目琼花	忍冬科	2~3	中性,较耐寒	花白色,5~6月,秋果红色,庭植观花观果	东北,华北至长江流域
57	香荚迷	忍冬科	2~3	中性,耐寒,耐干旱	花白色,芳香,4月;庭植观花	华北,西北
58	金银木	忍冬科	3~4	阳性,耐寒,耐干旱,萌蘖性强	花白、黄色5~7月,秋果红色;庭园观赏	南北各地
59	接骨木	忍冬科	2~4	弱阳性,喜温暖,抗有毒气体	花小,白色,4~5月,秋果红色;庭园观赏	南北各地
60	无花果	桑科	1~2	中性,喜温暖气候,不耐寒	庭园观赏,盆栽	长江流域及其以南地区
61	结香	瑞香科	3~4	阳性,抗旱、涝、盐碱及沙荒	花黄色,芳香,3~4月叶前开放;庭园观赏	长江流域各地
62	柽柳	柽柳科	2~3	弱阳性,喜温暖气候,较耐寒	花粉红色,5~8月;庭园观赏,绿篱	华北至华南、西南

续表

序号	中文名	科名	高度/m	习性	观赏特性及城市绿地用途	适用地区
63	木槿	锦葵科	2~3	阳性,喜温暖气候,不耐寒	花淡紫、白、粉红,7~9月;丛植,花篱	华北至华南
64	木芙蓉	锦葵科	1~2	中性偏阴,喜温湿气候及酸性土	花粉红色,9~10月;庭园观赏,丛植,列植	长江流域及其以南地区
65	胡枝子	豆科	1~2	中性,耐寒,耐干旱瘠薄	花紫红,8月;庭园观赏,护坡,林带下木	东北至黄河流域
66	太平花	虎耳草科	1~2	弱阳性,耐寒,怕涝	花白色,5~6月;庭园观赏,丛植,花篱	华北,东北,西北
67	山梅花	虎耳草科	2~3	弱阳性,较耐寒,耐旱,忌水湿	花白色,5~6月;庭园观赏,丛植,花篱	华北,华中,西北
68	溲疏	虎耳草科	1~2	弱阳性,喜温暖,耐寒性不强	花白色,5~6月;庭园观赏,丛植,花篱	长江流域各地
69	红瑞木	山茱萸科	1.5~3	中性,耐寒,耐湿,也耐干旱	茎枝红色美丽,果白色;庭园观赏,草坪丛植	东北,华北
70	四照花	山茱萸科	3~5	中性,喜温暖气候,耐寒性不强	花黄色,5~6月,秋果粉红;庭园观赏	华北南部至长江流域
71	杜鹃	杜鹃花科	1~2	中性,喜温湿气候及酸性土	花深红色,4~5月,庭园观赏,盆栽	长江流域及其以南地区
72	白花杜鹃	杜鹃花科	0.5~1	中性,喜温暖气候,不耐寒	花白色,4~5月,庭园观赏,盆栽	长江流域
73	云锦杜鹃	杜鹃花科	4	喜半阴,酸性土	花淡玫瑰红色5月,庭植,盆栽	长江及珠江流域,主产滇、川
74	金丝桃	藤黄科	2~5	阳性,喜温暖气候,较耐干旱	花金黄色,6~7月,庭园观赏,草坪丛植	长江流域及其以南地区
75	石榴	石榴科	2~3	中性,耐寒,适应性强	花红色,5~6月,果红色;庭园观赏,果树	黄河流域及其以南地区
76	秋胡颓子	胡颓子科	3~5	阳性,喜温暖气候,不耐严寒	秋果橙红色,庭园观赏,绿篱,林带下木	长江流域及其以北地区
77	胡颓子	胡颓子科	4	阳性,耐干旱、水浸,抗有毒气体	花银白,芳香10~12月,果翌年5月,叶背银白;庭植	长江流域
78	花椒	芸香科	3~5	阳性,喜温暖气候,较耐寒	丛植,刺篱	华北、西北至华南
79	枸橘	芸香科	3~5	阳性,耐寒,耐干旱及盐碱土	花白色,4月,果黄绿,香;丛植,刺篱	黄河流域至华南

续表

序号	中文名	科名	高度/m	习性	观赏特性及城市绿地用途	适用地区
80	文冠果	无患子科	3~5	中性,耐寒	花白色,4~5月,庭园观赏,丛植,列植	东北南部,华北,西北
81	黄栌	漆树科	3~5	中性,喜温暖气候,不耐寒	霜叶红艳美丽;庭园观赏,片植,风景林	华北
82	鸡爪槭	槭树科	2~5	中性,喜温暖气候,不耐寒	叶形秀丽,秋叶红色;庭园观赏,盆栽	华北南部至长江流域
83	红枫	槭树科	1.5~2	中性,喜温暖气候,不耐寒	叶常年紫红色;庭园观赏,盆栽	华北南部到长江流域
84	羽毛枫	槭树科	1.5~2	中性,喜温暖气候,不耐寒	树冠开展,叶片细裂;庭园观赏,盆栽	长江流域
85	红羽毛枫	槭树科	1.5~2	阳性,喜温暖气候,不耐水湿	树冠开展,叶片细裂,红色;庭园观赏,盆栽	长江流域
86	醉鱼草	马钱科	2~3	中性,喜温暖气候,耐修剪	花紫色,6~8月;庭园观赏,草坪丛植	长江流域及其以南地区
87	小蜡	木犀科	2~3	中性,喜温暖,较耐寒,耐修剪	花小,白色,5~6月;庭园观赏,绿篱	长江流域及其以南地区
88	小叶女贞	木犀科	1~2	中性,喜温暖气候,较耐寒	花小,白色,5~7月;庭园观赏,绿篱	华北至长江流域
89	迎春	木犀科	4	阳性,稍耐阴,怕涝	花黄色,早春叶前开放;庭园观赏,丛植	华北至长江流域
90	丁香	木犀科	2~3	弱阳性,耐寒,耐旱,忌低湿	花紫色,香,4~5月;庭园观赏,草坪丛植	东北南部,华北,西北
91	紫丁香	木犀科	4~5	阳性,稍耐阴,忌低湿,抗性强	树冠球形,花紫、白,4~5月;庭植	东北南部、华北
92	辽东丁香	木犀科	6	阳性,稍耐阴	花篮、紫,5~6月;庭植	东北、华北
93	暴马丁香	木犀科	5~8	阳性,耐寒,喜湿润土壤	花白色,6月;庭园观赏,庭荫树,园路树	东北,华北,西北
94	连翘	木犀科	2~3	阳性,耐寒,耐干旱	花黄色,3~4月叶前开放;庭园观赏,丛植	东北,华北,西北
95	金钟花	木犀科	1.5~3	阳性,喜温暖气候,较耐寒	花金黄,3~4月叶前开放;庭园观赏,丛植	华北至长江流域
96	紫珠	马鞭草科	1~2	中性,喜温暖气候,较耐寒	果紫色美丽,秋冬;庭园观赏,丛植	华北,华东,中南

续表

序号	中文名	科名	高度/m	习性	观赏特性及城市绿地用途	适用地区
97	海州常山	马鞭草科	2~4	中性,喜温暖气候,耐干旱、水湿	白花,7~8月;紫萼蓝果,9~10月;庭植	华北至长江流域
98	牡丹	毛茛科	1~2	中性,耐寒,要求排水良好土壤	花白、粉、红、紫,4~5月;庭园观赏	华北,西北,长江流域
99	小檗	小檗科	1~2	中性,耐寒,耐修剪	花淡黄,5月,秋果红色;庭园观赏,绿篱	华北,西北,长江流域
100	紫叶小檗	小檗科	1~2	中性,耐寒,要求阳光充足	叶常年紫红,秋果红色;庭园点缀,丛植	华北,西北,长江流域
101	紫薇	千屈菜科	2~4	阳性,喜温暖气候,不耐严寒	花紫、红,7~9月;庭园观赏,园路树	华北至华南、西南
102	大花紫薇	千屈菜科	8	阳性	树冠不整齐,树干多扭曲,花紫红,花期夏秋;庭荫树,行道树	华北至华南、西南
103	金缕梅	金缕梅科	9	阳性,稍耐阴	花金黄,1~3月;庭植	长江流域
104	蜡瓣花	金缕梅科	5	阳性,稍耐阴,忌干旱	花黄,花期早;庭植	长江流域及以南地区
105	八仙花	八仙花科	4	喜半阴,耐寒,喜酸性土壤	花蓝、白,6~7月;庭植,盆栽	长江流域以南各省,华北
106	枸杞	茄科	1~2	阳性,耐阴,耐碱	花紫5~10月,果红7~11月;庭植,盆景	华北南部到闽、粤、西南
107	丝棉木	卫矛科	6	中性,耐寒,耐水湿,抗污染	枝叶秀丽,秋果红色;庭荫树,水边绿化	东北南部至长江流域
108	卫矛	卫矛科	3	阳性,适应性强	花绿、白5~6月,果红9~10月,嫩叶及霜叶均为红色;庭植,绿篱	我国南北各省
109	太平花	山梅花科	1~2	阳性,耐半阴,耐寒,忌水湿	花乳白色5~6月,芳香;庭植,花篱,丛植,林缘,草地	华北、华中
110	山梅花	山梅花科	3~5	阳性,耐半阴,耐寒,忌水湿	花白色6~7月;庭植,花篱	华北,华中
111	溲疏	山梅花科	2.5	阳性,耐半阴,不耐寒,萌芽力强	花白色6~7月;庭植,花篱,岩石园栽植	华北南部至长江流域

(2) 藤本植物（见表1-4）

表 1-4 藤本植物

序号	中文名	科名	高度/m	习性	观赏特性及城市绿地用途	适用地区
1	铁线莲	毛茛科	4	中性,喜温暖,不耐寒,半常绿	花白花,夏季;攀缘篱垣、棚架、山石	长江中下游至华南
2	木通	木通科	10	中性,喜温暖,不耐寒,落叶	花暗紫色,4月;攀缘篱垣、棚架、山石	长江流域至华南
3	三叶木通	木通科	8	中性,喜温暖,较耐寒,落叶	花暗紫色,5月;攀缘篱垣、棚架、山石	华北至长江流域
4	五味子	木兰科	8	中性,耐寒性强,落叶	果红色,8~9月;攀缘篱垣、棚架、山石	东北,华北,华中
5	蔷薇	蔷薇科	3~4	阳性,喜温暖,较耐寒,落叶	花白、粉红,5~6月;攀缘篱垣、棚架等	华北至华南
6	十姊妹	蔷薇科	3~4	阳性,喜温暖,较耐寒,落叶	花深红、重瓣,5~6月;攀缘篱垣、棚架等	华北至华南
7	木香	蔷薇科	6	阳性,喜温暖,较耐寒,半常绿	花白或淡黄,芳香,4~5月;攀缘篱架等	华北至长江流域
8	紫藤	豆科	15~20	阳性,耐寒,适应性强,落叶	花紫色,4月;攀缘棚架、枯树等	南北各地
9	多花紫藤	豆科	4~8	阳性,喜温暖气候,落叶	花紫色,4月;攀缘棚架、枯树、盆栽	长江流域及其以南地区
10	常春藤	五加科	25	阴性,喜温暖,不耐寒,常绿	绿叶长青;攀缘墙垣、山石、盆栽	长江流域及其以南地区
11	中华常春藤	五加科	30	阴性,喜温暖,不耐寒,常绿	绿叶长青;攀缘墙垣、山石等	绿叶长青;攀缘墙垣、山石等
12	猕猴桃	猕猴桃科	8	中性,喜温暖,耐寒性不强,落叶	花黄白色,6月;攀缘棚架、篱垣、果树	长江流域及其以南地区
13	猕猴梨	猕猴桃科	25~30	中性,耐寒,落叶	花乳白色,6~7月;攀缘棚架、篱垣等	东北,西北,长江流域
14	葡萄	葡萄科	30	阳性,耐干旱,怕涝,落叶	果紫红或黄白,8~9月;攀缘棚架、篱篱等	华北、西北,长江流域
15	爬山虎	葡萄科	25	耐阴,耐寒,适应性强,落叶	秋叶红、橙色;攀缘墙面、山石、树干等	东北南部至华南
16	五叶地锦	葡萄科	25	耐阴,耐寒,喜温暖气候,落叶	秋叶红、橙色;攀缘墙面、山石、棚篱等	东北南部,华北

续表

序号	中文名	科名	高度/m	习性	观赏特性及城市绿地用途	适用地区
17	薜荔	桑科	15	耐阴,喜温暖气候,不耐寒,常绿	绿叶长青;攀缘山石、墙垣、树干等	长江流域及其以南地区
18	叶子花	紫茉莉科	10	阳性,喜暖热气候,不耐寒,常绿	花红、紫,6~12月;攀缘山石、园墙、廊柱	华南,西南
19	扶芳藤	卫矛科	10	耐阴,喜温暖气候,不耐寒,常绿	绿叶长青;攀缘墙面、山石、老树干等	长江流域及其以南地区
20	胶东卫矛	卫矛科	3~5	耐阴,喜温暖,稍耐寒,半常绿	绿叶红果;攀附花格、墙面、山石、老树干	华北至长江中下游地区
21	南蛇藤	卫矛科	12	中性,耐寒,性强健,落叶	秋叶红、黄色;攀缘棚架、墙垣等	东北、华北至长江流域
22	金银花	忍冬科	10	喜光,也耐阴,耐寒,半常绿	花黄、白色,芳香,5~7月;攀缘小型棚架	华北至华南、西南
23	络石	夹竹桃科	5	耐阴,喜温暖,不耐寒,常绿	花白色,芳香,5月;攀缘墙垣、山石、盆栽	长江流域各地
24	凌霄	紫葳科	9	中性,喜温暖,稍耐寒,落叶	花橘红、红色,7~8月;攀缘墙垣、山石等	华北及其以南各地
25	美国凌霄	紫葳科	10	中性,喜温暖,耐寒,落叶	花橘红色,7~8月;攀缘墙垣、山石、棚架	华北及其以南各地
26	炮仗花	紫葳科	10	中性,喜暖热,不耐寒,常绿	花橘红色,夏季;攀缘棚架、墙垣、山石等	华南

3. 一、二年生花卉

园林中常用的一、二年生花卉见表1-5。

表1-5 一、二年生花卉

序号	中文名	科名	高度/m	习性	观赏特性及城市绿地用途	适用地区
1	凤仙花	凤仙花科	0.3~0.8	阳性,喜暖畏寒,宜疏松肥沃土壤	花色多,6~7月,宜花坛、花篱、盆栽	全国各地
2	三色堇	堇菜科	0.015~0.3	阳性,稍耐半阴耐寒,喜凉爽	花色丰富艳丽,4~6月;花坛、花境、镶边	全国各地
3	月见草	柳叶菜科	1~1.5	喜光照充足,地势高燥	花黄色,芳香,6~9月;丛植、花坛、地被	全国各地
4	待霄草	柳叶菜科	0.5~0.8	喜光照充足,地势高燥	花黄色,芳香,6~9月;丛植、花坛、地被	全国各地
5	牵牛类	旋花科	3	阳性,不耐寒,较耐旱,直根蔓性	花色丰富,6~10月;棚架、篱垣、盆栽	全国各地

续表

序号	中文名	科名	高度/m	习性	观赏特性及城市绿地用途	适用地区
6	金鱼草	玄参科	0.12~1.2	阳性,较耐寒,宜凉爽,喜肥沃	花色丰富艳丽,花期长,花坛,切花,镶边	全国各地
7	心叶藿香蓟	菊科	0.15~0.25	阳性,适应性强	花蓝色,夏秋;宜花坛,花境,丛植,地被	全国各地
8	雏菊	菊科	0.07~0.15	阳性,较耐寒,宜冷凉气候	花白、粉、紫色,4~6月;花坛镶边,盆栽	全国各地
9	滨菊	菊科	0.3~0.6	阳性,喜肥沃湿润土壤	花白色,花期春秋;宜花坛,花镜	长江及黄河流域
10	扫帚草	藜科	1~1.5	阳性,耐干热瘠薄,不耐寒	株丛圆整翠绿;宜自然全植,花坛中心,绿篱	全国各地
11	五色苋	苋科	0.4~0.5	阳性,喜暖畏寒,宜高燥,耐修剪	株丛紧密,叶小,叶色美丽;毛毡花坛材料	全国各地
12	三色苋	苋科	1~1.4	阳性,喜高燥,忌湿热积水	秋天梢叶艳丽;宜丛植,花境背景,基础栽植	全国各地
13	鸡冠花	苋科	0.2~0.6	阳性,喜干热,不耐寒,宜肥忌涝	花色多,8~10月;宜花坛,盆栽,干花	全国各地
14	凤尾鸡冠	苋科	0.6~1.5	阳性,喜干热,不耐寒,宜肥忌涝	花色多,8~10月;宜花坛,盆栽,干花	全国各地
15	千日红	苋科	0.4~0.6	阳性,喜干热,不耐寒	花色多,6~10月;宜花坛,盆栽,干花	全国各地
16	紫茉莉	紫茉莉科	0.8~1.2	喜温暖向阳,不耐寒,直根性	花色丰富,芳香,夏至秋;林缘草坪边,庭院	全国各地
17	半支莲	马齿苋科	0.15~0.2	喜暖畏寒,耐干旱瘠薄	花色丰富,6~8月;宜花坛镶边,盆栽	全国各地
18	茑萝类	旋花科	6~7	阳性,喜温暖,直根,蔓性	花红、粉、白色,夏秋;宜矮篱,棚架,地被	全国各地
19	福禄考	花葱科	0.15~0.4	阳性,喜凉爽,耐寒力弱,忌碱涝	花色繁多,5~7月;宜花坛,岩石园,镶边	全国各地
20	美女樱	马鞭草科	0.3~0.5	阳性,喜湿润肥沃,稍耐寒	花色丰富,铺覆地面,6~9月;花坛,地被	全国各地
21	碎蝶花	白花菜科	1	喜肥沃向阳,耐半阴,宜直播	花粉繁、白色,6~9月;花坛,丛植,切花	全国各地
22	羽衣甘蓝	十字花科	0.3~0.4	阳性,耐寒,喜肥沃,宜凉爽	叶片形态美观多变,色彩绚丽如花。营养丰富,特别是钙、铁、钾含量很高	全国各地
23	香雪球	十字花科	0.15~0.3	阳性,喜凉忌热,稍耐寒耐旱	花白或紫色,6~10月;花坛,岩石园	全国各地

续表

序号	中文名	科名	高度/m	习性	观赏特性及城市绿地用途	适用地区
24	紫罗兰	十字花科	0.2~0.8	阳性,喜冷凉肥沃,忌燥热	花色丰富,芳香,5月;宜花坛,切花	全国各地
25	桂竹香	十字花科	0.25~0.7	阳性,较耐寒	花橙黄、褐色4~6月,浓香;花坛,花境,切花	全国各地
26	七里香	十字花科	0.25~0.5	阳性,较耐寒	花橙黄4~5月;花坛,花境	全国各地
27	一串红高型	唇形科	0.7~1	阳性,稍耐半阴,不耐寒,喜肥沃	花红色或白、粉、紫色,7~10月;花坛,盆栽	全国各地
28	一串红矮型	唇形科	0.3以下	阳性,稍耐半阴,不耐寒,喜肥沃	花红色,7~10月;宜花坛,花带,盆栽	全国各地
29	矮牵牛	茄科	0.2~0.6	阳性,喜温暖干燥,畏寒,忌涝	花大色繁,6~9月;花坛,自然布置,盆栽	全国各地
30	须苞石竹	石竹科	0.6	阳性,耐寒喜肥,要求通风好	花色变化丰富,5~10月;花坛,花境,切花	全国各地
31	锦团石竹	石竹科	0.2~0.3	阳性,耐寒喜肥,要求通风好	花色变化丰富,5~10月;宜花坛,岩石园	全国各地
32	高雪轮	石竹科	0.3~0.6	阳性,耐寒,不耐高温	花粉红、玫瑰色或白色,4~5月;花坛	全国各地
33	矮雪轮	石竹科	0.2~0.25	阳性,耐寒,不耐高温	花粉红、玫瑰色或白色,4~5月;花坛	全国各地
34	飞燕草	毛茛科	0.3~1.2	阳性,喜高燥凉爽,忌涝,直根性	花色多,5~6月,花序长,宜花带,切花	全国各地
35	花菱草	罂粟科	0.3~0.6	耐寒,喜冷凉,直根性,阳性	叶秀花繁,多黄色,5~6月,花带,丛植	全国各地
36	虞美人	罂粟科	0.3~0.6	阳性,喜干燥,忌湿热,直根性	艳丽多彩,6月;宜花坛,花丛,花群	全国各地
37	银边翠	大戟科	0.5~0.8	阳性,喜温暖,耐旱,直根性	梢叶白或镶白边,林缘地被或切花	全国各地
38	金盏菊	菊科	0.3~0.6	阳性,较耐寒,宜凉爽	花黄至橙色,4~6月;宜花坛,盆栽	全国各地
39	翠菊	菊科	0.2~0.8	阳性,喜肥沃湿润,忌连作和水涝	花色丰富,6~10月;宜各种花卉布置和切花	全国各地
40	矢车菊	菊科	0.2~0.8	阳性,好冷凉,忌炎热,直根性	花色多,5~6月;宜花坛,切花,盆栽	全国各地

续表

序号	中文名	科名	高度/m	习性	观赏特性及城市绿地用途	适用地区
41	蛇目菊	菊科	0.6~0.8	阳性,耐寒,喜冷凉	花黄、红褐或复色,7~10月;宜花坛,地被	全国各地
42	波斯菊	菊科	1~2	阳性,耐干燥瘠薄,肥水多易倒伏	花色多,6~10月;宜花坛,花篱,地被	全国各地
43	万寿菊	菊科	0.2~0.9	阳性,喜温暖,抗早霜,抗逆性强	花黄、橙色,7~9月;宜花坛,篱垣,花丛	全国各地
44	孔雀菊	菊科	0.15~0.4	阳性,喜温暖,抗早霜,耐移植	花黄带褐斑,7~9月;花坛,镶边,地被	全国各地
45	百日草	菊科	0.2~0.9	阳性,喜肥沃,排水好	花大色艳,6~7月;花坛,丛植,切花	全国各地

4. 宿根花卉与球根花卉

（1）常用的宿根花卉（见表1-6）

表1-6 宿根花卉

序号	中文名	科名	高度/m	习性	观赏特性及城市绿地用途	适用地区
1	瞿麦	石竹科	0.3~0.4	阳性,耐寒,喜肥沃,排水好	花浅粉紫色,5~6月,花坛,花境,丛植	华北,华中
2	皱叶剪夏罗	石竹科	0.6~0.8	阳性,耐寒,喜凉爽湿润	花序半球状,砖红色,6~7月;花境,花坛	华北,华东
3	石碱花	石竹科	0.2~1	阳性,不择干湿,地下茎发达	花白、淡红、鲜红色,6~8月;地被	华北
4	斗莱	毛茛科	0.6~0.9	炎夏宜半阴,耐寒,宜湿润排水好	花色丰富、初夏;自然式栽植,花境,花坛	全国各地
5	翠雀	毛茛科	0.6~0.9	阳性,喜凉爽通风,排水好	花蓝色,6~9月;自然式栽植,花境,花坛	东北、华北、西北
6	芍药	芍药科	1~1.4	阳性,耐寒、喜深厚肥沃砂质土	花色丰富,5月;专类园,花境,群植,切花	全国各地
7	荷包牡丹	罂粟科	0.3~0.6	喜侧阴,湿润,耐寒惧热	花粉红或白色,春夏;丛植,花境,疏林地被	全国各地
8	费莱	景天科	0.2~0.4	阳性,多浆类,耐寒,忌水湿	花橙黄色,6~7月;花境,岩石园,地被	华北、西北
9	八宝	景开科	0.3~0.5	阳性,多浆类,耐寒,忌水湿	花淡红色,7~9月;花境,岩石园,地被	东北、华东

续表

序号	中文名	科名	高度/m	习性	观赏特性及城市绿地用途	适用地区
10	千叶蓍	菊科	0.3~0.6	阳性,耐半阴,耐寒,宜排水好	花白色,6~8月;宜花镜,群植,切花	东北,西北,华北
11	蓍草	菊科	0.5~1.5	阳性,耐半阴,耐寒,宜排水好	花白色,夏秋;宜花境,群植,切花	东北,华北,华东
12	木茼蒿	菊科	0.8~1	阳性,常绿,喜凉惧热,畏寒	花白色,周年开花;花坛,花篱,切花,盆栽	全国各地
13	荷兰菊	菊科	0.5~1.5	阳性,喜湿润肥沃,通风排水良好	花紫、白色,8~9月;花坛,花境,盆栽	全国各地
14	大金鸡菊	菊科	0.3~0.6	阳性,耐寒,不择土壤,多为野生	花黄色,6~8月;宜花坛,花境,切花	华北,华东
15	菊花	菊科	0.6~1.5	阳性,多短日性,喜肥沃湿润	花色繁多,10~11月;花坛,花镜,盆栽	全国各地
16	金光菊	菊科	3.0	阳性,耐阴,耐寒	花黄色,7~8月;花镜,切花,丛植	全国各地
17	大天人菊	菊科	0.7~0.9	阳性,要求排水良好	花黄或瓣基褐色,6~10月;花坛,花镜	华北、东北,华东
18	牛眼菊	菊科	0.3~0.6	阳性,耐寒,喜肥沃,排水好	花白色,5~9月;宜花坛,花镜,丛植	华北、西北,东北
19	黑心菊	菊科	0.8~1	阳性,耐干旱,喜肥沃,通风好	花金黄或瓣基暗红色,5~9月;宜花境	西北、东北、华东
20	萱草	百合科	0.3~0.8	阳性,耐半阴,耐寒,适应性强	花艳叶秀,6~8月;丛植,花镜,疏林地被	我国大部地区
21	玉簪	百合科	0.75	喜阴耐寒,宜湿润,排水好	花白色,芳香,6~8月;林下地被	全国各地
22	火炬花	百合科	0.6~1.2	耐半阴,耐寒,宜排水好	花黄、红色,夏花;宜花坛,花境,切花	华北,华东
23	阔叶麦冬	百合科	0.3	喜阴湿温暖,常绿性	株丛低矮,宜地被,花坛,花境边缘,盆栽	我国中部及南部
24	紫萼	百合科	0.2~0.4	喜阴、湿和漫射光	花紫色6~9月;径旁、草地边、建筑物荫处	全国各地
25	吉祥草	百合科	0.2~0.4	喜半阴和湿润	叶狭长,簇生;大片栽植和盆栽	我国中部、南部

续表

序号	中文名	科名	高度/m	习性	观赏特性及城市绿地用途	适用地区
26	万年青	百合科	0.2~0.4	耐阴湿,不耐水湿	叶常绿,有光泽,浆果红色;盆栽,林下栽培	浙江、福建、四川、云南
27	蜀葵	锦葵科	2~3	阳性,耐寒,宜肥沃排水良好	花色多,6~8月;宜花坛,花镜,花带背景	全国各地
28	芙蓉葵	锦葵科	1~2	阳性,喜温暖湿润,耐寒,排水好	花白色,6~8月;宜丛植,花境背景	华北、华东
29	宿根福禄考	花科	0.6~1.2	阳性,宜温和气候,喜排水良好	花色多,7~8月;花坛,花镜,切花,盆栽	华北、华东,西北
30	随意草	唇形科	0.6~1.2	阳性,耐寒,喜疏松肥沃,排水好	花白、粉、紫色,7~9月;花坛,花镜	华北
31	桔梗	桔梗科	0.3~1	阳性,喜凉爽湿润,排水良好	花蓝、白色,6~9月;花坛,花镜,岩石园	全国各地
32	沿阶草	百合科	0.3	喜阴湿温暖,常绿性	株丛低矮,宜地被,花坛,花境边缘,盆栽	我国中部及南部
33	德国鸢尾	鸢尾科	0.6~0.9	阳性,耐寒,喜湿润排水好	花色丰富,5~6月;花坛,花镜,切花	全国各地
34	鸢尾	鸢尾科	0.3~0.6	阳性,耐寒,喜湿润而排水好	花蓝紫色,3~5月;花坛,花镜,丛植	全国各地
35	兰花类	兰科	0.2~0.4	喜阴湿、通风、排水好	叶黄花香;盆栽,林下地被	长江以南,台湾

(2) 常见球根花卉（见表1-7）

表1-7 球根花卉

序号	中文名	科名	高度/m	习性	观赏特性及城市绿地用途	适用地区
1	花毛茛	毛茛科	0.2~0.4	阳性,喜凉忌热,宜肥沃而排水好	花色丰富,5~6月;宜丛植,切花	华东,华中,西南
2	大丽花	菊科	0.3~1.2	阳性,畏寒惧热,宜高燥凉爽	花形、花色丰富,夏秋;宜花坛,花境,切花	型全国各地
3	卷丹	百合科	0.5~1.5	阳性,稍耐阴,宜湿润肥沃,忌连作	花橙色,7~8月;丛植,花境,切花	全国各地
4	葡萄风信子	百合科	0.1~0.3	耐半阴,喜肥沃湿润,凉爽,排水好	株矮,花蓝色,春花;疏林地被,丛植,切花	华东,华北
5	郁金香	百合科	0.2~0.4	阳性,宜凉爽湿润,疏松,肥沃	花大,艳春花;宜花境,花坛,切花	全国各地

续表

序号	中文名	科名	高度/m	习性	观赏特性及城市绿地用途	适用地区
6	百合类	百合科	0.3~2.0	阳性,耐半阴,喜湿润,宜排水好	花形、色多变,花期5~8月;庭植,盆栽和切花	全国各地
7	鹿葱	石蒜科	0.6以上	阳性,喜凉爽湿润,疏松,排水好	花粉红色,8月;林下地被,丛植,切花	华东,华北,华中
8	喇叭水仙	石蒜科	0.25~0.4	阳性,喜温暖湿润,肥沃而排水好	花大、白、黄色,4月;花坛,花境,群植	华东,华中,华北
9	晚香玉	石蒜科	1~1.2	阳性,喜温暖湿润,肥沃,忌积水	花白色,芳香,7~9月;切花,夜花园	全国各地
10	葱兰	石蒜科	0.15~0.2	阳性,耐半阴,宜肥沃而排水好	花白色,夏秋;花坛镶边,疏林地被,花径	全国各地
11	唐菖蒲	鸢尾科	1~1.4	阳性,喜通风好,忌闷热湿冷	花色丰富,夏秋;宜切花,花坛,盆栽	全国各地
12	西班牙鸢尾	鸢尾科	0.45~0.6	阳性,稍耐阴,喜凉忌热,宜排水好	花色丰富,春花;花坛,花境,丛植,切花	华东,华北
13	美人蕉	美人蕉科	0.8~2	阳性,喜温暖湿润,肥沃而排水好	花色变化丰富,夏秋;花坛,列植,花坛中心	全国各地

5. 竹类

园林中常用的竹类植物见表1-8。

表1-8 竹类植物

序号	中文名	科名	高度/m	习性	观赏特性及城市绿地用途	适用地区
1	佛肚竹	禾本科	2~4	喜温暖,排水良好的肥土	竿高,节间长或秆矮而粗,节间短;庭植,盆栽	华南
2	孝顺竹	禾本科	2~3	中性,喜温暖湿润气候,不耐寒	竿丛生,枝叶秀丽,庭园观赏	长江以南地区
3	凤尾竹	禾本科	1	中性,喜温暖湿润气候,不耐寒	竿丛生,枝叶细密秀丽;庭园观赏,篱植	长江以南地区
4	慈竹	禾本科	5~8	阳性,喜温湿气候及肥沃疏松土壤	竿丛生,枝叶茂盛;庭园观赏,防风,护堤林	华东,西南
5	菲白竹	禾本科	0.5~1	中性,喜温暖湿润气候,不耐寒	叶有白色纵条纹;绿篱,地被,盆栽	长江中下游地区
6	毛竹	禾本科	10~20	阳性,喜温暖湿润气候,不耐寒	竿散生,高大;庭园观赏,风景林	长江以南地区
7	桂竹	禾本科	10~15	阳性,喜温暖湿润气候,稍耐寒	竿散生;庭园观赏	淮河流域至长江流域
8	斑竹	禾本科	10	阳性,喜温暖湿润气候,稍耐寒	竹竿有紫褐色斑;庭园观赏	华北南部至长江流域

续表

序号	中文名	科名	高度/m	习性	观赏特性及城市绿地用途	适用地区
9	刚竹	禾本科	8~12	阳性,喜温暖湿润气候,稍耐寒	枝叶青翠;庭园观赏	华北南部至长江流域
10	罗汉竹	禾本科	5~8	阳性,喜温暖湿润气候,稍耐寒	竹竿下部节间肿胀或节环交互歪斜;庭园观赏	华北南部至长江流域
11	紫竹	禾本科	3~5	阳性,喜温暖湿润气候,稍耐寒	竹竿紫黑色;庭园观赏	华北南部至长江流域
12	淡竹	禾本科	7~15	阳性,喜温暖湿润气候,稍耐寒	竿灰绿色;庭园观赏	长江流域及其以南地区
13	早园竹	禾本科	5~8	阳性,喜温暖湿润气候,较耐寒	枝叶青翠;庭园观赏	华北至长江流域
14	黄槽竹	禾本科	3~5	阳性,喜温暖湿润气候,较耐寒	竹竿节间纵槽内黄色;庭园观赏	华北
15	方竹	禾本科	3~8	喜水肥	竿散生,深褐色,下方上圆,基部数节,有刺状气根一圈;庭植	华东
16	阔叶箬竹	禾本科	1	喜生低山、丘陵向阳山坡	竿散生,叶宽,株矮;庭植地被	江苏、浙、皖、豫、陕南等

6. 草坪植物

园林中常用的草坪植物见表1-9。

表1-9 草坪植物

序号	中文名	科名	高度/m	习性	观赏特性及城市绿地用途	适用地区
1	二月兰	十字花科	0.1~0.5	宜半明,耐寒,喜湿润	花淡蓝紫色,春夏;疏林被、林缘绿化	东北南部至华东
2	白车轴草	豆科	0.3~0.6	耐半阴,耐寒、旱,酸土,喜温湿	花白色,6月	东北,华北至西南
3	连钱草	唇形科	0.1~0.2	喜阴湿,阳处亦可,耐寒忌涝	花淡蓝至紫色,3~4月;疏林或泥叶地被	全国各地
4	匍匐剪股颖	禾本科	0.3~0.6	稍耐阴,耐寒,湿润肥沃,忌旱碱	绿色期长,宜为潮湿地区或疏林下草坪	华北,华东,华中
5	地毯草	禾本科	0.15~0.5	阳性,要求温暖湿润,侵占力强	宽叶低矮;宜庭园、运动场,固土护坡草坪	华南
6	野牛草	禾本科	0.05~0.25	阳性,耐寒,耐瘠薄干旱,不耐湿	叶细,色灰绿;为我国北方应用最多的草坪	我国北方广大地区
7	狗牙根	禾本科	0.1~0.4	阳性,喜湿耐热,不耐阴,蔓延快	叶绿低矮;宜游憩、运动场草坪	华东以南温暖地区

续表

序号	中文名	科名	高度/m	习性	观赏特性及城市绿地用途	适用地区
8	草地早熟禾	禾本科	0.5~0.8	喜光亦耐阴,宜温湿,忌干热,耐寒	绿色期长;宜为潮湿地区草坪	华北,华东,华中
9	结缕草	禾本科	0.15	阳性,耐热,寒,旱,践踏	叶宽硬;宜游憩,运动场,高尔夫球场草坪	东北,华北,华南,西北等
10	细叶结缕草	禾本科	0.1~0.15	阳性,耐湿,不耐寒,耐践踏	叶极细,低矮;宜观赏,游憩,固土护坡草坪	长江流域及其以南地区
11	假俭草	禾本科	0.08~0.3	喜光,耐旱,耐踩	叶黄绿至蓝绿色,固土草坪	华东,华南
12	羊胡子草	莎草科	0.05~0.4	稍耐阴,耐寒,旱,瘠薄,耐踏差	叶鲜绿;宜观赏,或人流少的庭园草坪	我国北方广大地区

7. 水生植物

园林中常用的水生植物见表1-10。

表1-10 水生植物

序号	中文名	科名	高度/m	习性	观赏特性及城市绿地用途	适用地区
1	荷花	睡莲科	1.8~2.5	阳性,耐寒,喜湿暖而多有机质处	花色多,6~9月;宜美化水面,盆栽或切花	全国各地
2	萍蓬草	睡莲科	约0.15	阳性,喜生浅水中	花黄色,春夏;宜美化水面和盆栽	东北,华东,华南
3	白睡莲	睡莲科	浮水面	阳性,喜温暖通风之静水,宜肥土	花白或黄,粉色,6~8月;美化水面	全国各地
4	睡莲	睡莲科	浮水面	阳性,宜温暖通风之静水,喜肥土	花白色,6~8月;水面点缀,盆栽或切花	全国各地
5	千屈菜	千屈菜科	0.8~1.2	阳性,耐寒,通风好,浅水或地植	花玫红色,7~9月;花境,浅滩,沼泽地被	全国各地
6	水葱	莎草科	1~2	阳性,夏宜半阴,喜湿润凉爽通风	株丛挺立,美化水面,岸边,亦可盆栽	全国各地
7	凤眼莲	雨久花科	0.2~0.3	阳性,宜温暖而富有机质的静水	花叶均美,7~9月;美化水面,盆栽,切花	全国各地
8	菖蒲类	天南星科	0.3~0.7	阳性,耐寒,多年生	叶细长,剑形,顶生花序;亦栽水边,可盆栽或切花	全国各地

二、园林植物的画法

1. 乔木的画法

（1）乔木的平面表现 乔木的平面表示可先以树干位置为圆心,树冠平均半径为半径作出圆,再加以表现,其表现手法非常多,表现风格变化很大。根据不同的表现手法可将树木的平面划分为四种类型。乔木常见的平面图形式，如图 1-1 所示。

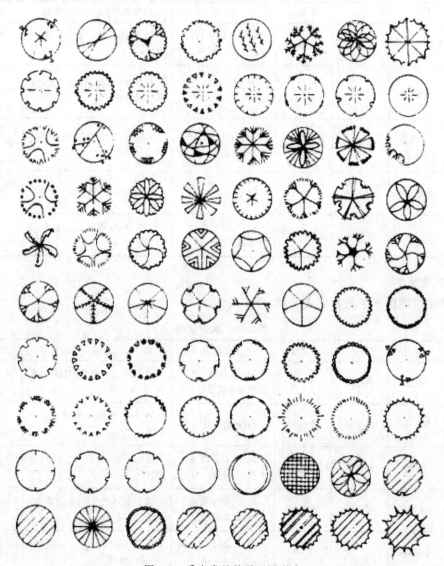

图 1-1　乔木常见的平面图形式

① 轮廓型。轮廓型在表现时，树木平面只用线条勾勒出轮廓即可，且线条可粗可细，轮廓可光滑，也可带有缺口或尖突，如图 1-2 所示。

② 分枝型。分枝型在表现时，树木平面中只用线条的组合表示树枝或枝干的分叉，如

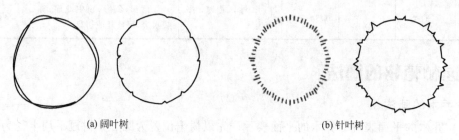

(a) 阔叶树　　　　　　　　　　　　(b) 针叶树

图 1-2　轮廓型

图 1-3 所示。

③ 枝叶型。枝叶型在表现时，树木平面中既表示分枝又表示冠叶，树冠可用轮廓表示，也可用质感表示。这种类型可以看作是其他几种类型的组合。这种表现形式常用于孤赏树、重点保护树等的表现，如图 1-4 所示。

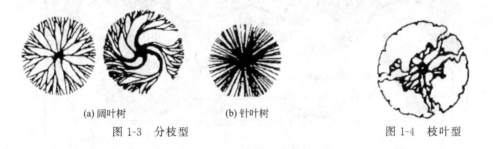

(a) 阔叶树　　(b) 针叶树
图 1-3　分枝型　　　　　　　图 1-4　枝叶型

④ 质感型。质感型在表现时，树木平面中只用线条的组合或排列表示树冠的质感。如图 1-5 所示。

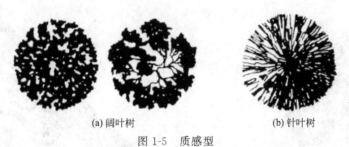

(a) 阔叶树　　　　　　(b) 针叶树
图 1-5　质感型

此外，在平面表现中应注意以下问题。

① 平面图中树冠的避让。在设计图中，当树冠下有花台、花坛、花境［图 1-6(a)］或水面、石块和竹丛［图 1-6(b)］等较低矮的设计内容时，树木平面也不应过于复杂，要注意避让，不要挡住下面的内容。但是，若只是为了表示整个树木群体的平面布置，则可以不考虑树冠的避让，应以强调树冠平面为主［图 1-6(c)］。

② 平面图中落影的表现。树木的落影是平面树木重要的表现方法，它可以增加图面的对比效果，使图面明快、有生气。作树木落影的具体方法是先选定平面光线的方向，定出落影量，以等圆作树冠圆和落影圆，如图 1-7 所示。然后对比出树冠下的落影，将其余的落影涂黑，并加以表现，如图 1-8 所示。

（2）乔木的立面表现　在园林设计图中，树木的立面画法要比平面画法复杂。从直观上看，一张摄影照片的树和自然树的不同在于树木在照片上的轮廓形是清晰可见的，而树木的细节已经含混不清。这就是说，我们视觉在感受树木立面时最重要的是它的轮廓。所以，立面图的画法是要高度概括、省略细节、强调轮廓。

树木的立面表示方法也可分成轮廓、分枝和质感等几大类型，但有时并不十分严格。树木的立面表现形式有写实的，也有图案化的或稍加变形的，其风格应与树木平面和整个图画相一致。图案化的立面表现是比较理想的设计表现形式。树木立面图中的枝干、冠叶等的具体画法参考效果表现部分中树木的画法。图 1-9 所示的园林植物立面画法，供作图时参考。

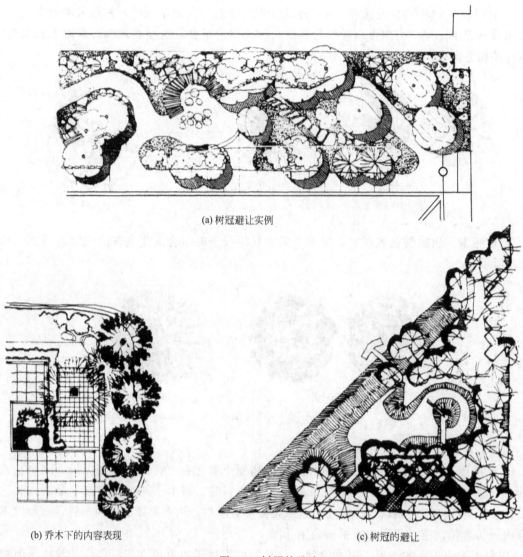

(a) 树冠避让实例

(b) 乔木下的内容表现

(c) 树冠的避让

图 1-6　树冠的避让

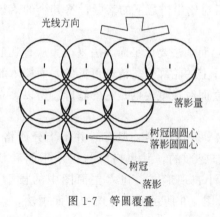

图 1-7　等圆覆叠

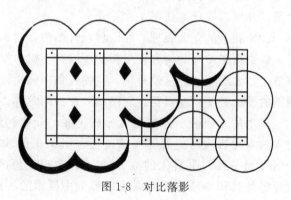

图 1-8　对比落影

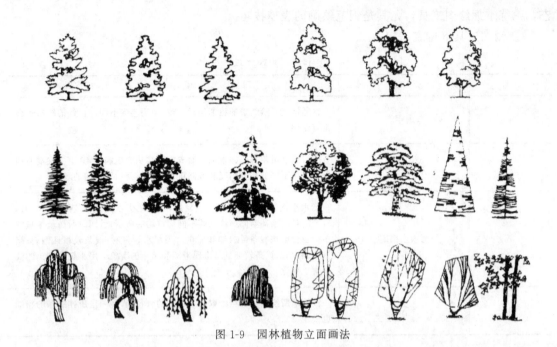

图 1-9　园林植物立面画法

（3）乔木的效果表现　树木的效果表现形式有写实的、图案式和抽象变形三种形式，如图 1-10 所示。

① 写实的表现形式。写实的表现形式较尊重树木的自然形态和枝干结构，冠、叶的质感刻画得也较细致，显得较逼真，如图 1-10(a) 所示。

(a) 写实风格表现　　　　　　　　　　　　　　(b) 图案风格表现

图 1-10　树木的效果表现形式

② 图案式的表现形式。图案式的表现形式对树木的某些特征，如树形、分枝等加以概括以突出图案的效果，如图 1-10(b) 所示。

③ 抽象变形的表现形式。抽象变形的表现形式虽然也较程序化，但它加进了大量抽象、扭曲和变形的手法，使画面别具一格。

园林设计图中，对于乔木的效果表现要求如下：能够表达树木外形特征、质感以及美感。风格协调，表现手法丰富，效果强烈。要达到这一要求就必须充分理解树木的结构体态,熟练掌握绘图工具,尤其是钢笔绘画的表现技巧。

① 制图工具(见表 1-11)。

表 1-11 制图工具

序号	工具	说明
1	普通钢笔	普通钢笔所绘线条的粗细相对一致,但用笔尖不同部位作的线条也会稍有变化
2	速写钢笔	速写钢笔可用普通钢笔加工而成或直接从商店购得,其笔尖尖端略向上弯。用不同的接触角度和方向可作出一系列粗细不同的线条
3	蘸水小钢笔	蘸水小钢笔所绘的线条一般较细,且用笔尖不同部位或用力不同时,所绘的各线条甚至同一线条的不同部位均有所变化,同时所蘸墨水量的多少也会影响线条的粗细和质量。当墨水较多时,线条较粗且饱满;当墨水较少时,线条较细且易出现干涩和枯笔的现象。用小钢笔作出的线条富于变化
4	针管笔	针管笔所绘线条的粗细取决于针管的管径,管径一定所作线条的粗细也一定

② 绘画的表现技巧。学画钢笔徒手线条画可从简单的直线练习开始;在练习中应注意运笔速度、方向和支撑点以及用笔力量;运笔速度应保持均匀,宜慢不宜快,停顿干脆。用笔力量应适中,保持平稳。基本运笔方向为从左至右、从上至下,上方的直线(倾角 45°~225°)应尽量按向圆心的方向运笔,相应的右下方的直线运笔方向正好与其相反。

③ 园林植物绘图的基本笔法(见图 1-11)。

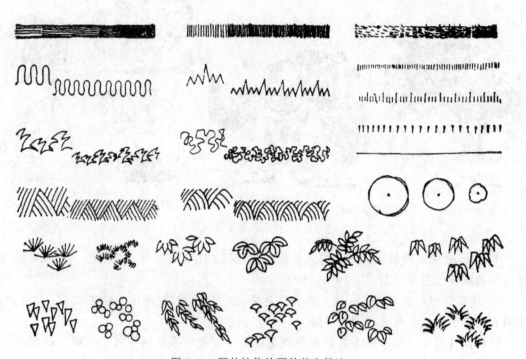

图 1-11 园林植物绘图的基本笔法

2. 其他类型植物的画法

（1）灌木的表现方法　灌木没有明显的主干，平面形状有曲有直。自然式栽植灌木丛的平面形状多不规则，修剪的灌木和绿篱的平面形状多为规则的或不规则的，但其转角处却是平滑的。灌木的平面表示方法与乔木类似，通常修剪的规则灌木可用轮廓、分枝型或枝叶型表示，不规则形状的灌木平面宜用轮廓型和质感型表示，表示时以栽植范围为准，由于灌木通常丛生，没有明显的主干，因此，灌木的立面很少会与乔木的立面相混淆。

（2）草坪的表现方法　草坪和草地的表示方法很多，下面介绍一些主要的表示方法，如图 1-12 所示。

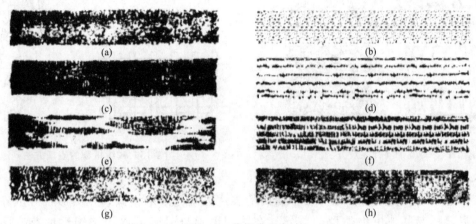

图 1-12　草坪表现方法

① 打点法。打点法是较简单的一种表示方法。用打点法画草坪时所打的点的大小应基本一致，无论疏密，点都要打得相对均匀［图 1-12(b)］。

② 小短线法。将小短线排列成行，每行之间的间距相近，排列整齐可用来表示草坪［图 1-12(b)］，排列不规整的可用来表示草地或管理粗放的草坪［图 1-12(d)］。

③ 线段排列法。线段排列法是最常用的方法，要求线段排列整齐，行间有断断续续的重叠［图 1-12(c)］，也可稍许留些空白［图 1-12(e)］或行间留白［图 1-12(f)］。另外，也可用斜线排列表示草坪，排列方式可规则［图 1-12(g)］也可随意［图 1-12(a)］。

（3）绿篱的表现方法　绿篱分常绿绿篱和落叶绿篱。常绿绿篱多用斜线或弧线交叉表示。落叶绿篱则只画绿篱外轮廓线或加上种植位置的黑点来表示。修剪绿篱外轮廓线整齐平直，不修剪的绿篱外轮廓线为自然曲线，如图 1-13、图 1-14 所示为绿篱的表现方法。

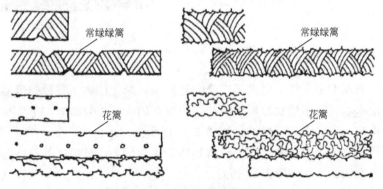

图 1-13　绿篱平面表现方法

(4) 攀缘植物的表现方法　攀缘植物经常依附于小品、建筑、地形或其他植物,在园林制图表现中主要以象征指示方式来表示。在平面图中,攀缘植物以轮廓表示为主,要注意描绘其攀缘线。如果是在建筑小品周围攀缘的植物应在不影响建筑结构平面表现的条件下作示意。立面、效果表现攀缘植物时也应注意避让主体结构,作适当的表达,如图1-15所示。

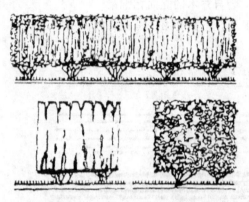

图1-14　绿篱的立面表现方法

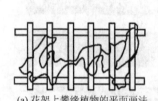

(a) 花架上攀缘植物的平面画法

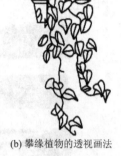

(b) 攀缘植物的透视画法

图1-15　攀缘植物的表现方法

(5) 花卉的表现方法　花卉在平面图的表达方式与灌木相似,在图形符号上作相应的区别以表示与其他植物类型的差异。在使用图形符号时可以用装饰性的花卉图案来标注,效果更为美观贴切。更可以附着色彩,使具有花卉元素的设计平面图具备强烈的感染力。在立面、效果的表现中,花卉在纯墨线或钢笔材料条件下与灌木的表现方式区别不大。附彩的表现图以色彩的色相和纯度变化进行区别,可以获得较明显的效果。如图1-16所示。

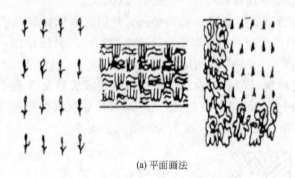

(a) 平面画法

(b) 立面画法

图1-16　花卉的表现方法

(6) 竹子的表现方法　竹子向来是广受欢迎的园林绿化植物,其种类虽然众多,但其有明显区别于其他木本、被子植物的形态特征,小枝上的叶子排列酷似"个"字,因而在设计图中可充分利用这一特点来表示竹子,如图1-17所示。

(7) 棕榈科植物的表现方法　棕榈科植物体态潇洒优美,可根据其独特的形态特征以较为形象、直观的方法画出,如图1-18所示。

(a) 平面画法　　　　(b) 透视画法

图 1-17　竹子的表现方法

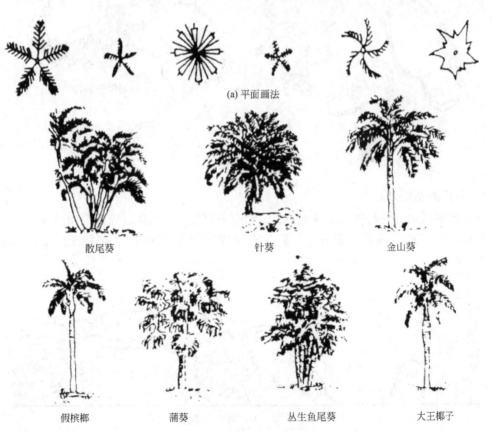

图 1-18　棕榈科植物的表现方法

第二节 山石水景的表现

一、山石的表现

在表现园林山石景观时,我们主要采用传统绘画的方式。来自于绘画的表现方法是非常丰富的,尤其在山石方面,技法就更加丰富了。山石的质感十分丰富,根据其肌理和发育方向,我们在描绘平面、立面或效果表现时都是用不同的线条组织方法来表现的。

1. 山石的平面表现

假山石可分为湖石、黄石、青石、石笋等。用钢笔画湖石,首先勾出湖石轮廓。轮廓线自然曲折,绝无刀削斧劈之感,也就是说,没有直线和折线。石之纹理自然起伏,多用随形体线表现。最后着重刻画出大小不同的洞穴。为了画出洞穴的深度,常常用笔加深其背光处,强调洞穴中的明暗对比。此外,需要注意的是,用线条勾勒时,轮廓线要粗,石块面、纹理可用较细较浅的线条稍加勾绘,以体现石块的体积感,如图 1-19 所示。

图 1-19 山石的平面表现

2. 山石的立面表现

立面图的表现方法与平面图基本一致。轮廓线要粗,石块面、纹理可用较细较浅的线条稍加勾绘,以体现石块的体积感。不同的石块应采用不同的笔触和线条表现其纹理,如图 1-20 所示。

图 1-20 山石的立面表现

3. 山石小品和假山的表现

山石小品和假山是以一定数量的大小不等、形体各异的山石作群体布置造型,并与周围的景物（建筑、水景、植物等）相协调，形成生动自然的石景。其平面画法同置石相似，立面画法示例，如图1-21所示。

作山石小品和假山的透视图时，应特别注意刻画山石表面的纹理和因凹凸不平而形成的阴影，如图1-22所示。

图1-21　山石小品的立面表现　　　　　　　　图1-22　假山的透视表现

二、水景的表现

水在中外园林中均有广泛的应用，是重要的造园要素，在园林中，水的基本表现形式有静水、流水、落水和喷泉等。

1. 静水的画法

静水的表现以描绘水面为主。同时还要注意与其相关的景物的巧妙表现。水面表示可采用线条法、等深线法、平涂法和添景物法，见表1-12。其中前三种为直接的水面表示法，最后一种为间接表示法，如图1-23所示。

表1-12　静水的画法

序号	画法	说　明
1	线条法	用工具或徒手排列的平行线条表示水面的方法称线条法。作图时，既可以将整个水面全部用线条均匀地布满，也可以局部留有空白，或者只局部画些线条。线条可采用波纹线、水纹线、直线或曲线。组织良好的曲线还能表现出水面的波动感
2	等深线法	在靠近岸线的水面中，依岸线的曲折作2～3根曲线，这种类似等高线的闭合曲线称为等深线。通常形状不规则的水面用等深线表示
3	平涂	用水彩或墨水平涂表示水面的方法称平涂法。用水彩平涂时，可将水面渲染成类似等深线的效果。先用淡铅作等深线稿线，等深线之间的间距应比等深线法大些，然后再一层层地渲染，使离岸较远的水面颜色较深
4	添景物法	添景物法是利用与水面有关的一些内容表示水面的一种方法。与水面有关的内容包括一些水生植物(如荷花、睡莲)、水上活动工具(湖中的船只、游艇)、码头和驳岸、露出水面的石块

2. 流水的画法

流水在速度或落差不同时产生的视觉效果各有千秋。我们根据流水的波动来描绘水的性

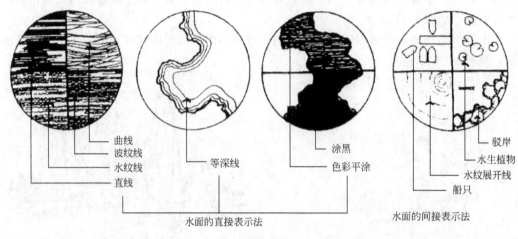

图 1-23 水面的表示方法

状及质感。和静水相同，流水描绘时也要注意对彼岸景物的表达。只是在流水表达的时候我们根据水波的离析和流向产生的对景物投影的分割和颠簸来描绘水的动感。

水波的流线是表达水的动感的绝佳方式。在描绘流水时，我们以疏密不同的流线描绘水在流动时产生的动感效果，配合水流的方向表达，形成优美的节奏，如图 1-24 所示。

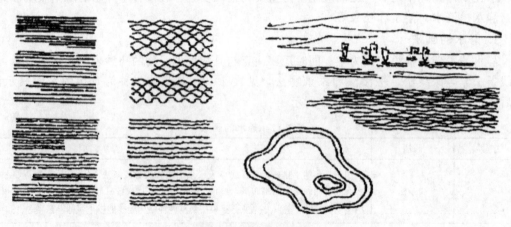

图 1-24 流水的画法

3. 落水的画法

落水是园林景观中动水的主要造景形式之一，落水的表现也是水的表现技法中的一项重要的内容。我们在园林景观中经常碰到以水造景的方法，水流根据地形自高而低，在悬殊的地形中形成落水。落水的表现主要以表现地形之间的差异为主，形成不同层面的效果。

当然，随着地形的发展，落水的表现不能一概而论。我们要根据不同的情况，对不同的题材采用适当的方法，完美而整体地表现园林题材，如图 1-25 所示。

4. 喷泉的画法

喷泉是在园林中应用非常广泛的一种园林小品，我们在表现时要对其景观特征作充分理解之后，根据喷泉的类型，采用不同的方法进行处理。

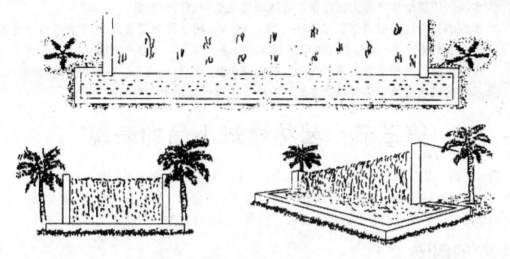

图 1-25　落水表现实例

一般来说,在表现喷泉时我们应该注意水景交融。对于水压较大的喷射式喷泉我们要注意描绘水柱的抛物线,强化其轨迹。对于缓流式喷泉,其轮廓结构是我们描绘的重点,如图 1-26 所示。我们采用墨线条进行的描绘应该注意以下几点。

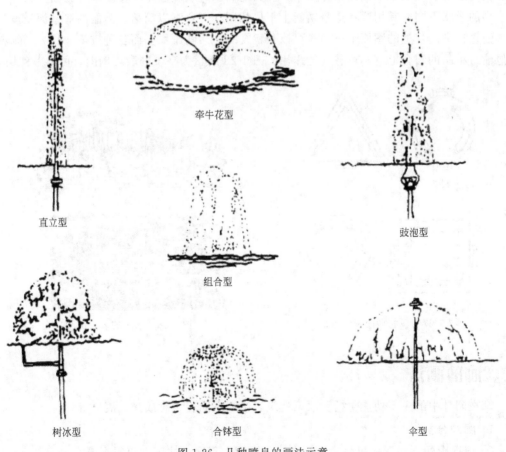

图 1-26　几种喷泉的画法示意

① 水流线的描绘应该有力而流畅，表达水流在空中划过的形象。

② 水景的描绘应该努力强调泉水的形象。增强空间立体感觉使用的线条也应该光滑，但是，我们也要根据泉水的形象使用虚实相间的线条，以表达丰富的轮廓变化。

③ 泉水景观和其他水景共同存在时，应注意相互间的避让关系，以增强表现效果。

④ 水流的表现宜借助于背景效果加以渲染，这样可以增强喷泉的透明感。

第三节　园林建筑小品的表现

园林建筑小品是指园林中的小型建筑设施，具有体型小、数量多、发布广的特点，可起到点缀风景、烘托气氛、加深意境的作用，且内容丰富多彩、造型精巧美观，是园林中不可缺少的组成部分。常见的有亭、廊、园椅、园凳、园桌、花架、园路、园桥的表现。

一、亭的画法

亭是深受人民群众喜爱的园林建筑小品之一。无论是在传统的古典园林，还是新建的公园、风景游览区，人们都可以看到千姿百态、绚丽多彩的亭子，它与园中的其他建筑、山水、植物相结合，装点着园景。亭子的形象已成为我国园林的象征。

亭的造型极为多样，从平面形状可分为圆形、方形、三角形、六角形、八角形、扇面形、长方形等。亭的平面画法十分简单，但其立面和透视画法则非常复杂（见图 1-27）。

亭的形状不同，其用法和造景功能也不尽相同。三角亭以简洁、秀丽的造型深受设计师的喜爱。在平面规整的图面上三角亭可以分解视线，活跃画面。而各种方亭、长方亭则在与其他建筑小品的结合上有不可替代的作用。图 1-28 所示为亭子的表现例图，可参考使用。

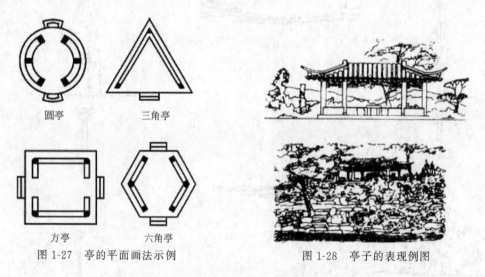

图 1-27　亭的平面画法示例　　　图 1-28　亭子的表现例图

二、廊的画法

廊在园林中的主要功能包括：联系建筑、组织空间、组廊成景、展览等。

1. 廊的分类

① 根据廊的剖面形式可将廊分为空廊、暖廊、复廊、柱廊、双层廊等。

② 根据廊的立面造型可分为平地廊、爬山廊、叠落廊等。
③ 根据廊的位置可分为桥廊、水走廊等。
④ 根据廊的平面形式可分为直廊、曲廊、回廊等。
常见各种类型的廊的画法见表 1-13。

表 1-13　常见各种类型的廊的画法

	双面空廊	暖廊	复廊	单支柱廊
按廊的横剖面形式划分				
	单面空廊		双层廊	
	直廊	曲廊		
按廊的整体造型划分				
	爬山廊	叠落廊	桥廊	水走廊

2. 廊的画法实例

（1）常州红梅公园园廊，如图 1-29 所示。

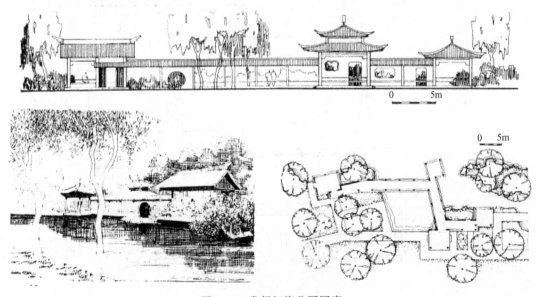

图 1-29　常州红梅公园园廊

(2）长沙橘子洲公园河亭廊，如图1-30所示。

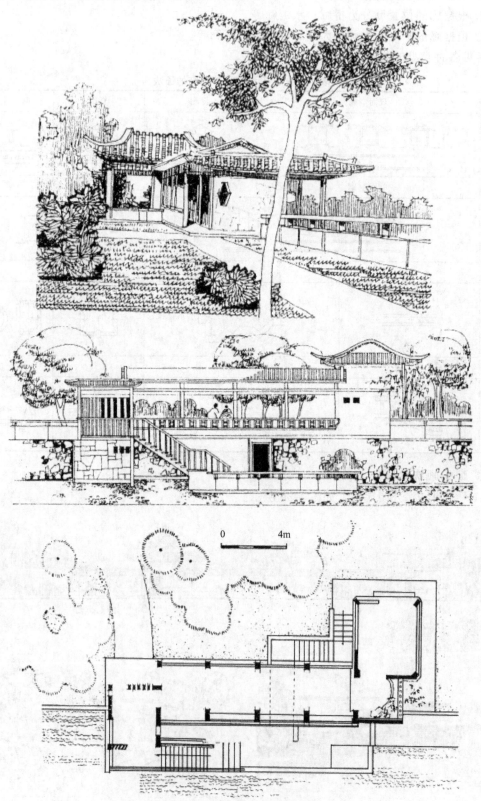

图1-30　长沙橘子洲公园河亭廊

三、园椅、园凳、园桌的画法

园椅、园凳、园桌是园林中必不可少的公共设施。在湖边池畔、花间林下、广场四周及园路两侧,设置一张园椅或一组园凳、园桌,可供游人休息歇坐、促膝谈心和观赏风景。

在园林中,园椅、园凳、园桌不仅仅是休息和赏景的设施,以其优美精巧的造型和活泼多样的形式,或与花坛的自然式组合,可成为园林中的装饰性小品。

1. 园椅的画法

园椅的形式可分为直线和曲线两种。

在表现园椅时,平面图、立面图的绘制方法与建筑表现类似,而且因其体量较小,结构不会过于复杂,表现的难度不大。透视图在园椅的表现中难度相对大一些。但是只要合理地把握透视规律,保证透视规律的一致,园椅的表现也会和环境相得益彰,如图 1-31 所示。

图 1-31　园椅的各种造型表现

2. 园凳的画法

园凳的平面形状通常有圆形、方形、条形及多边形等,圆形和方形常与园桌相匹配,而后两种同园椅一样,单独设置。

3. 园桌的画法

园桌的平面形状一般有方形和圆形两种,在其周围并配有四个平面形状相似的园凳。图 1-32 所示为圆形园桌、凳的平、立面及透视表现。

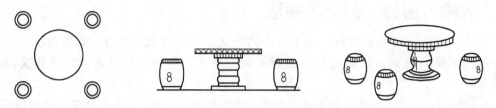

图 1-32　圆形园桌、凳的平、立面及透视表现

四、花架的画法

花架是供攀缘植物攀爬的棚架,又是人们休息、乘凉、坐赏周围风景的场所。它造型灵活、富于变化,具有亭廊的作用。作长线布置时,能发挥建筑空间的脉络作用,形成导游路线,也可用来划分空间增加风景的深度;做点状布置时,可自成景点,可形成观赏点。

1. 花架表现时的具体要求

花架的表现要根据其造型特点,突出结构特征。对于植物的依附表达以不阻碍对花架本身表现为原则。花架的种类多样,我们在表现中要注重使用与设计风格相协调的造型,表现时要对花架的样式和透视角度加以理想化处理。

2. 常见花架形式

花架的形式多种多样,下面我们介绍几种常见的花架形式以及其平面、立面、效果图的表现。

(1) 单片花架透视效果表现　如图 1-33 所示。

图 1-33　单片花架的透视效果表现

(2) 直廊式花架透视效果表现　如图 1-34 所示。

(3) 单柱 V 形花架效果表现　如图 1-35 所示。

(4) 弧顶直廊式花架效果表现　如图 1-36 所示。

(5) 环形廊式花架效果表现　如图 1-37 所示。

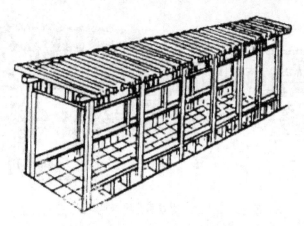

图 1-34　直廊式花架透视效果的表现

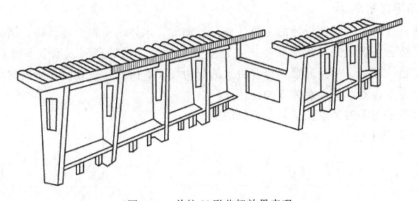

图 1-35　单柱 V 形花架效果表现

(6) 组合式花架效果表现　如图 1-38 所示。

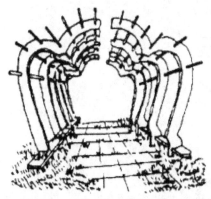

图 1-36　弧顶直廊式花架效果表现

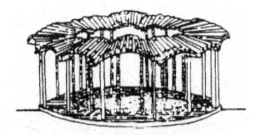

图 1-37　环形廊式花架效果表现

五、园路的画法

园路在园林中的作用主要是引导游览、组织景色和划分空间。园路的美主要体现在园路平竖线条的流畅自然和路面的色彩、质感以及图案的精美。再加上园路与所处环境的协调，

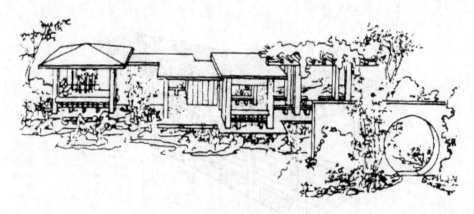

图 1-38　组合式花架效果表现

园路按其性质和功能可分为主要园路、次要园路及游憩小路。

1. 园路平面表现

在规划设计阶段，园路设计的主要任务是与地形、水体、植物、建筑物、铺装场地及其他设施合理结合，形成完整的风景构图；连续展示园林景观的空间或欣赏前方景物的透视线，并使园路的转折、衔接通顺，符合游人的行为规律。因此，规划设计阶段的园路的平面表示以图形为主，基本不涉及数据的标注。

绘制园路平面图的基本步骤如下（见图 1-39）。

① 确立道路中线。

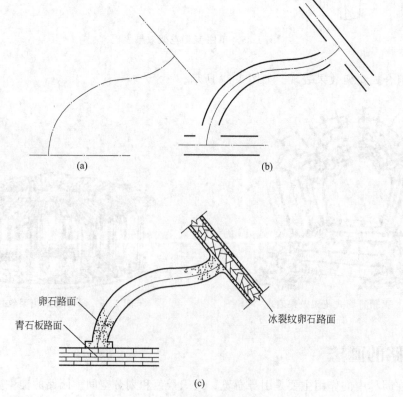

图 1-39　园路绘制步骤

② 根据设计路宽确定道路边线。
③ 确定转角处的转弯半径或其他衔接方式，并可根据需要表现铺装材料。

2. 园路的铺装与效果

(1) 冰裂纹铺装的平面与效果表现，如图 1-40 所示。

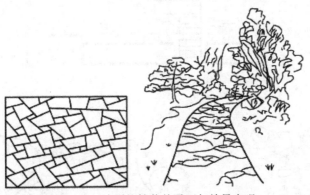

图 1-40　冰裂纹铺装的平面与效果表现

(2) 常见的园路铺装图案与质感　如图 1-41 所示。

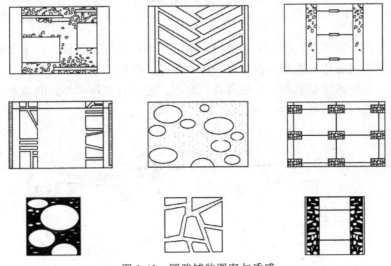

图 1-41　园路铺装图案与质感

六、园桥的画法

一般的园林中常用的桥主要是汀步和园桥，有的大型景观中也使用亭桥。

1. 汀步

汀步也叫跳桥，是一种原始的过水形式。在园林中采用情趣化的汀步，能丰富视觉，加强艺术感染力。汀步以各种形式的石墩或木桩最为常用，此外还有仿生的莲叶或其他水生植物样的造型物。我们把它分为规则式、自然式和仿生式。

(1) 规则式汀步效果表现　如图 1-42(a) 所示。
(2) 自然式汀步效果表现　如图 1-42(b) 所示。

(3) 仿生式汀步效果表现　如图1-42(c)所示。

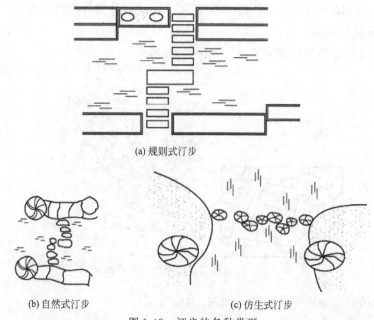

(a) 规则式汀步

(b) 自然式汀步　　　　(c) 仿生式汀步

图1-42　汀步的各种类型

2. 园桥

园桥一般适用于宽度不大的溪流，造型丰富。主要有平桥、曲桥、拱桥之分。根据不同的风格设计使用不同的桥梁造型，在造园中可以取得不同的艺术效果。

(1) 平桥　平桥的桥面平直，造型古朴、典雅。它适合于两岸等高的地形，可以获得最接近水面的观赏效果，如图1-43(a)所示。

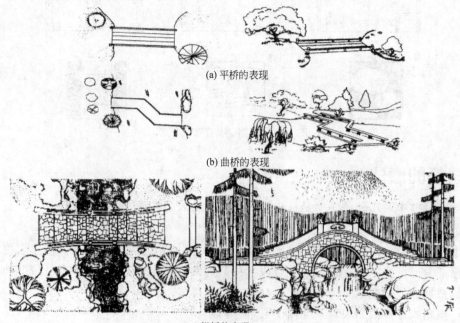

(a) 平桥的表现

(b) 曲桥的表现

(c) 拱桥的表现

图1-43　桥的各种类型

(2) 曲桥　曲桥造型丰富多姿。桥面平坦但曲折成趣,造型的感染力更为强大。曲桥为游人创造了更多的观赏角度,如图 1-43(b) 所示。

(3) 拱桥　拱桥的桥身最富于立体感,它中间高,两头低。游人过桥的路线是纵向的变化。拱桥的造型变化丰富,在园林中也可以借鉴普通交通桥梁中的拱桥造型,如图 1-43(c)所示。

第四节　风景园林常用图例

一、风景名胜区与城市绿地系统规划图例

(1) 地界图例（见表 1-14）

表 1-14　地界

序号	名称	图例	说明
1	风景名胜区（国家公园）,自然保护区等界	— — · — — · —	
2	景区、功能分区图	 — · — · — · —	
3	外围保护地带界	⊥ ⊥ ⊥ ⊥ ⊥	
4	绿地界	———————	用中实线表示

(2) 景点、景物图例（见表 1-15）

表 1-15　景点、景物

序号	名称	图例	说明
1	景点	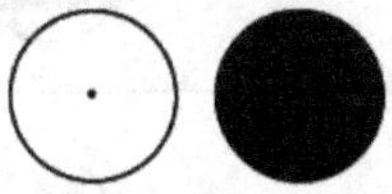 ○ ●	各级景点依圆的大小相区别 左图为现状景点 右图为规划景点
2	古建筑	 (古建筑符号)	本表所列图例宜供宏观规划时用,其不反映实际地形及形态。需区分现状与规划时,可用单线圆表示现状景点、景物,双线圆表示规划景点、景物
3	塔	 (塔符号)	
4	宗教建筑	 (太极符号)	
5	牌坊、牌楼	 (牌坊符号)	

续表

序号	名称	图例	说明
6	桥		
7	城墙		
8	墓、墓园		
9	文化遗址		
10	摩崖石刻		
11	古井		
12	山岳		
13	弧峰		
14	群峰		
15	岩洞		也可表示地下人工景点
16	峡谷		
17	奇石、礁石		

续表

序号	名称	图例	说明
18	陡崖		
19	瀑布		
20	泉		
21	温泉		
22	湖泊		
23	海滩		溪滩也可用此图例
24	古树名木		
25	森林		
26	公园		
27	动物园		
28	植物园		
29	烈士陵园		

(3) 服务设施图例（见表1-16）

表 1-16　服务设施

序号	名称	图例	说明
1	综合服务设施点	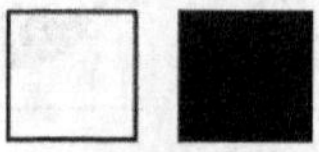 □ ■	各级服务设施可依方形大小相区别。左图为现状设施，右图为规划设施
2	公共汽车站		
3	火车站		本表所列图例宜供宏观规划时用，其不反映实际地形及形状。需区分现状与规划时，可用单线方框表示现状设施，双线方框表示规划设施
4	飞机场		
5	码头、港口		
6	缆车站		
7	停车场	 P ⸨P⸩	室内停车场外框用虚线表示
8	加油站		
9	医疗设施点		
10	公共厕所	 W.C.	
11	文化娱乐点		
12	旅游宾馆		
13	度假村、休养所		

续表

序号	名称	图例	说明
14	疗养院		
15	银行		包括储蓄所、信用社、证券公司等金融机构
16	邮电所(局)		
17	公用电话点		包括公用电话亭、所、局等
18	餐饮点		
19	风景区管理站(处、局)		
20	消防站、消防专用房间	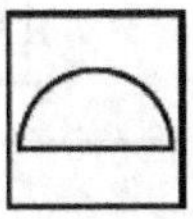	
21	公安、保卫站		包括各级派出所、处、局等
22	气象站		
23	野营地		

(4) 运动游乐设施图例（见表 1-17）

表 1-17　运动游乐设施

序号	名称	图例	说明
1	天然游泳场		

续表

序号	名称	图例	说明
2	水上运动场		
3	游乐场		
4	运动场		
5	跑马场		
6	赛车场		
7	高尔夫球场		

（5）工程设施图例（见表1-18）

表1-18 工程设施

序号	名称	图例	说明
1	电视差转台	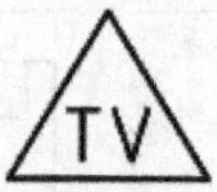	
2	发电站		
3	变电所		
4	给水厂		

续表

序号	名称	图例	说明
5	污水处理厂		
6	垃圾处理站		
7	公路、汽车游览路		上图以双线表示,用中实线;下图以单线表示,用粗实线
8	小路、步行游览路	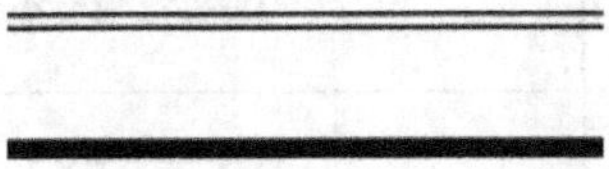	上图以双线表示,用细实线;下图以单线表示,用中实线
9	山地步游小路		上图以双线加台阶表示,用细实线;下图以单线表示,用虚线
10	隧道		
11	架空索道线		
12	斜坡缆车线		
13	高架轻轨线		
14	水上游览线		细虚线
15	架空电力电讯线	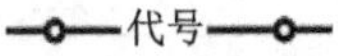 —⊙—代号—⊙—	粗实线中插入管线代号,管线代号按现行国家有关标准的规定标注
16	管线	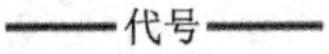 ——代号——	

(6) 用地类型图例（见表 1-19）

表 1-19 用地类型

序号	名称	图例	说明
1	村镇建设地	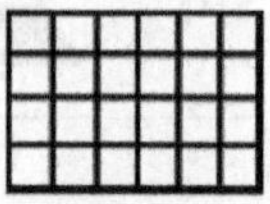	
2	风景游览地	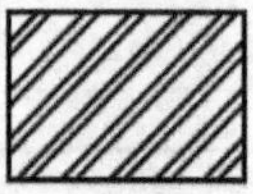	图中斜线与水平线成 45°
3	旅游度假地		
4	服务设施地	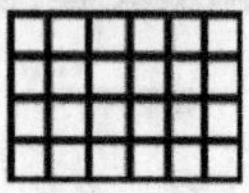	
5	市政设施地		
6	农业用地		
7	游憩、观赏绿地	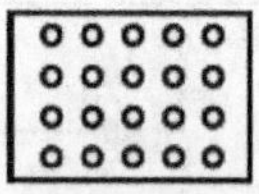	
8	防护绿地		
9	文物保护地	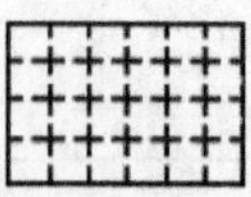	包括地面和地下两大类，地下文物保护地外框用粗虚线表示
10	苗圃花圃用地	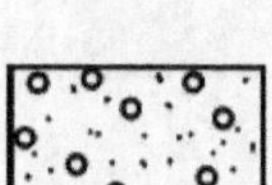	

续表

序号	名称	图例	说明
11	特殊用地		
12	针叶林地		表示林地的线形图例中也可插入 GB/T 20257.3—2006 的相应符号。需区分天然林地、人工林地时,可用细线界框表示天然林地,粗线界框表示人工林地
13	阔叶林地		
14	针阔混交林地		
15	灌木林地	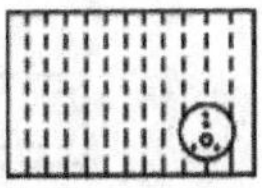	
16	竹林地	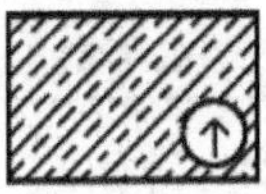	
17	经济林地	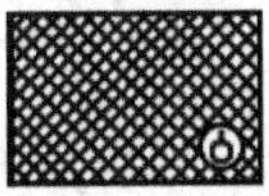	
18	草原、草甸	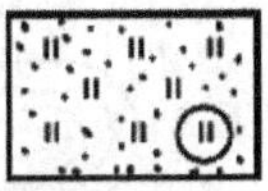	

二、园林绿地规划设计图例

（1）建筑图例（见表1-20）

表 1-20 建筑

序号	名称	图例	说明
1	现有的建筑物		用粗实线表示
2	规划的建筑物		用细实线表示
3	规划扩建的预留地或建筑物		用中虚线表示
4	拆除的建筑物		用细实线表示
5	地下建筑物		用粗虚线表示
6	坡屋顶建筑		包括瓦顶、石片顶、饰面砖顶等
7	草顶建筑或简易建筑		
8	温室建筑		

(2) 山石图例（见表 1-21）

表 1-21 山石

序号	名称	图例	说明
1			
2			
3			包括"土包石"、"石包土"及土假山
4			

第一章　园林造园组成要素及画法

（3）水体图例（见表1-22）

表1-22　水体

序号	名称	图例	说明
1	自然形水体		
2	规则形水体		
3	跌水、瀑布		
4	旱涧		
5	溪涧		

（4）小品设施图例（见表1-23）

表1-23　小品设施

序号	名称	图例	说明
1	喷泉		
2	雕塑		
3	花台		仅表示位置，不表示具体形态，以下同也可依据设计形态表示
4	座凳		
5	花架		

续表

序号	名称	图例	说明
6	围墙	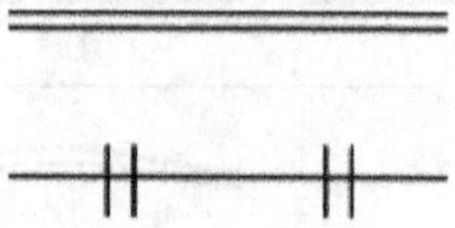	上图为实砌或漏空围墙；下图为栅栏或篱笆围墙
7	栏杆	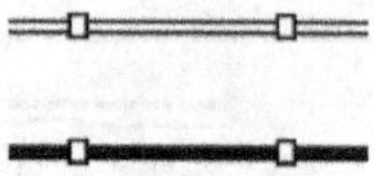	上图为非金属栏杆；下图为金属栏杆
8	园灯		
9	饮水台		
10	指示牌		

（5）工程设施图例（见表1-24）

表1-24 工程设施

序号	名称	图例	说明
1	护坡		
2	挡土墙	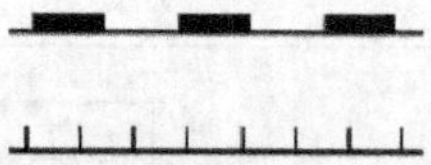	突出的一侧表示被挡土的一方
3	排水明沟	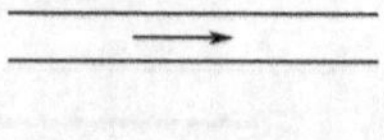	上图用于比例较大的图面；下图用于比例较小的图面
4	有盖的排水沟	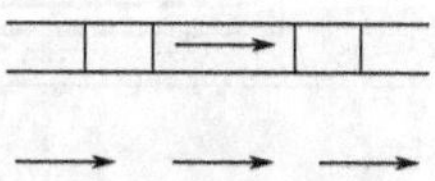	上图用于比例较大的图面；下图用于比例较小的图面
5	雨水井		
6	消火栓井		

续表

序号	名称	图例	说明
7	喷灌点		
8	道路		
9	铺装路面		
10	台阶		箭头指向表示向上
11	铺砌场地		也可依据设计形态表示
12	车行桥		也可依据设计形态表示
13	人行桥		
14	亭桥		
15	铁索桥		
16	汀步		
17	涵洞		
18	水闸		

续表

序号	名称	图例	说明
19	码头	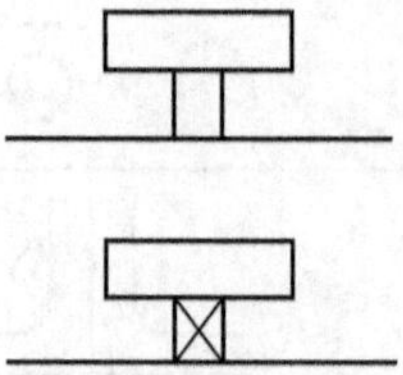	
20	驳岸	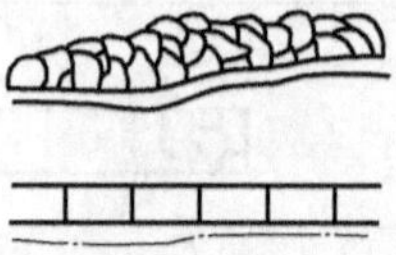	上图为假山石自然式驳岸；下图为整形砌筑规划式驳岸

(6) 植物图例（见表1-25）

表 1-25　植物

序号	名称	图例	说明
1	落叶阔叶乔木	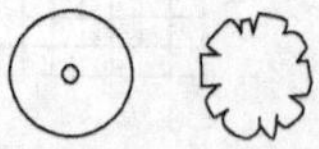	
2	常绿阔叶乔木	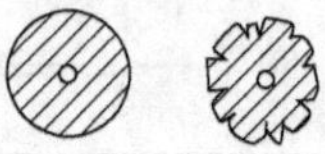	落叶乔木、灌木均不填斜线；常绿乔木、灌木加画45°细斜线。阔叶树的外围线用弧裂形或圆形线；针叶树的外围线用锯齿形或斜刺形线。乔木外形成圆形；灌木外形成不规则形乔木图例中粗线小圆表示现有乔木，细线小十字表示设计乔木。灌木图例中黑点表示种植位置。凡大片树林可省略图例中的小圆、小十字及黑点
3	落叶针叶乔木	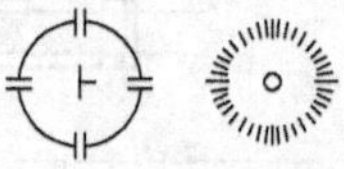	
4	常绿针叶乔木	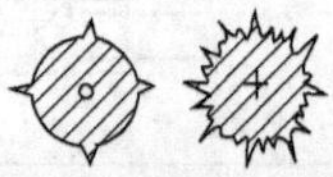	
5	落叶灌木	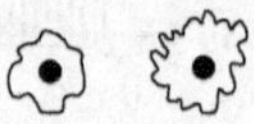	
6	常绿灌木	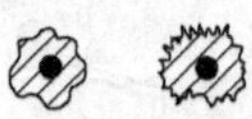	
7	阔叶乔木疏林		
8	针叶乔木疏林		常绿林或落叶林根据图面表现的需要加或不加45°细斜线

续表

序号	名称	图例	说明
9	阔叶乔木密林		
10	针叶乔木密林		
11	落叶灌木疏林		
12	落叶花灌木疏林		
13	常绿灌木密林		
14	常绿花灌木密林		
15	自然形绿篱		
16	整形绿篱		
17	镶边植物		
18	一、二年生草本花卉		
19	多年生及宿根草本花卉		

续表

序号	名称	图例	说明
20	一般草皮	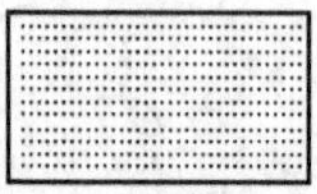	
21	缀花草皮	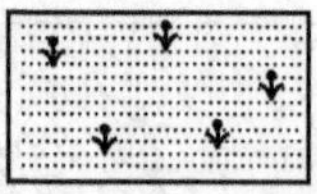	
22	整形树木	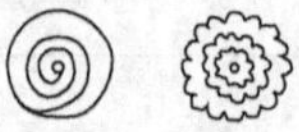	
23	竹丛		
24	棕榈植物		
25	仙人掌植物		
26	藤本植物		
27	水生植物		

三、树木形态图例

（1）树干形态图例（见表1-26）

表1-26 树干形态

序号	名称	图例	说明
1	主轴干侧分枝形		

续表

序号	名称	图例	说明
2	主轴干无分枝形		
3	无主轴干多枝形		
4	无主轴干垂枝形		
5	无主轴干丛生形		
6	无主轴干匍匐形		

（2）树冠形态图例（见表1-27）

表1-27 树冠形态

序号	名称	图例	说明
1	圆锥形		树冠轮廓线，凡针叶树用锯齿形；凡阔叶树用弧裂形表示
2	椭圆形		
3	圆球形		

续表

序号	名称	图例	说明
4	垂枝形		
5	伞形		
6	匍匐形		

第二章

园林规划设计图

第一节 概 述

园林规划设计包括风景名胜区，城市绿地系统，各类公园、住宅区及一切单位等的面向户外环境的规划设计。

园林设计图纸是园林设计人员在掌握园林艺术理论、设计原理、有关工程技术及制图基本知识的基础上综合运用建筑、山石、水体、道路和植物等造园要素，经过艺术构思和合理布局所绘制的专业图纸。它是园林工程设计人员的技术语言，它能够将设计者的设计理念和要求通过图纸直观、准确地表达出来。

一、园林规划设计图的类型

各种类型的园林内容也有不同，完成设计所需图纸的数量也不相同，虽然园林工程图种类较多，但基本的有以下几种。

1. 总体规划设计图

总体规划设计图主要表现规划用地范围内总体综合设计，反映组成园林各部分的长、宽尺寸和平面关系以及各种造园要素（如地形、山石、水体、建筑及植物等）布局位置的水平投影图，它是反映园林工程总体设计意图的主要图纸，同时也是绘制其他图样、施工放线、土方工程及编制施工方案的依据。

2. 竖向设计图

竖向设计图主要反映规划用地范围内的地形设计情况，山石、水体、道路和建筑的标高以及它们之间的高度差别，并为土方工程和土方调配以及预算、地形改造的施工提供依据。

3. 园林植物种植设计图

园林植物种植设计图主要反映规划用地范围内所设计植物的种类、数量、规格、种植位置、配置方式、种植形式及种植要求的图纸。它为绿化种植工程施工提供依据。

4. 园林建筑单体初步设计图

园林建筑单体初步设计图是表达规划建设用地范围内园林建筑设计构思和意图的工程图纸，它通过平面图、立面图、剖面图和效果图来表现所设计建筑物的形状和大小以及周围环境，便于研究建筑造型，推敲设计方案。

5. 园林工程施工图

园林工程施工图的作用主要是在园林工程建设过程中对施工进行指导。主要包括园林建筑施工图、园路工程施工图、假山工程施工图、水景工程施工图、设备施工图等。

二、园林规划设计图的绘制

为了保证图面质量，并且能够具体、形象、准确地表达设计理念与艺术效果，园林设计图的绘图步骤一般要经过准备、画底稿、上墨线和色彩渲染四个部分。

(1) 准备　绘图前准备工作的充分与否与园林图纸的质量关系非常密切，因此，在绘图前必须重视并认真做好准备工作。准备工作的内容有以下几点。

① 将铅笔按照绘制要求削好，将圆规的铅芯磨好，并调整好铅芯与针尖的高低，使针尖略长于铅芯；用干净的软布把丁字尺、三角板、图板擦干净；将各种绘图用具按顺序放在固定位置，洗净双手。

② 分析要绘制的图样，收集参阅有关资料，熟悉所绘图样的内容以及要求，并做到心中有数。

③ 根据所画图纸的要求，选定图纸幅面和比例。并注意在选取时，遵守国家标准以及有关规定。

④ 将大小合适的图纸用胶带纸（或绘图钉）固定在图板上。固定时，应使丁字尺的工作边与图纸的水平边平行。最好使图纸的下边与图板下边保持大于一个丁字尺宽度的距离。

(2) 画底稿　画底稿应使用较硬的铅笔，以使画出的稿线比较轻细，便于墨线覆盖。铅笔稿线正确与否、精度如何，直接影响到图样的质量。因此必须认真细致、一丝不苟地完成好这一步。具体绘制步骤如下：

① 根据绘图内容的多少及比例尺大小选定图纸幅面。

② 画图框线、标题栏和会签栏（视需要而定），合理安排图纸内容的布局，使各部分内容布置合理、疏密有致，图面美观大方。

③ 绘出直角坐标网格，确定定位轴线。

④ 按建筑→道路广场→水体→植物的顺序，先画轮廓，再画细部。

⑤ 标注尺寸，绘制指北针或风玫瑰图等。

⑥ 检查并完成全图。

(3) 上墨线　图样上墨线后，可长期保存和使用。对上墨线的总要求是：严格控制线型，做到线型正确、粗细分明、图线均匀、连接光滑、字体端正、图面整洁。

上墨线时，应将铅笔稿线作为墨线的中轴线来上墨，以确保图形准确。为提高绘线效率，避免出错，应注意以下几点。

① 先画细线，后画粗线；先画曲线，后画直线。

② 水平线自上而下、垂直线由左向右绘出。

③ 同类型的墨线一次画完。

④ 先画图，后标注尺寸和注写文字说明，最后画图框线，填写图签标题栏。

⑤ 为避免墨水渗入尺板下弄脏图纸，应使用有斜面的尺边或将尺边均匀垫起少许。

(4) 色彩渲染　色彩渲染又称上色，主要是借助绘画技法，用水彩、水粉等颜料或马克笔、彩色铅笔等工具比较真实、细致地刻画出各种造园要素的色彩与质感，表达设计意图和景观设计效果，常用于园林设计方案的效果图。目前在园林设计平面图纸中也经常使用。

一般情况下硫酸纸绘制的图只能用彩色铅笔进行色彩渲染。由于彩色铅笔上色后图面呈蜡质，且色彩不均匀，因此，上色时一般在图纸的反面进行。

第二节　园林总体规划设计图

　　园林总体规则设计图简称为总平面图。总体规划设计图主要表现用地范围内园林总的设计意图，它能够反映出组成园林各要素的布局位置、平面尺寸以及平面关系。图 2-1 所示为某小游园的总体规划设计图纸。

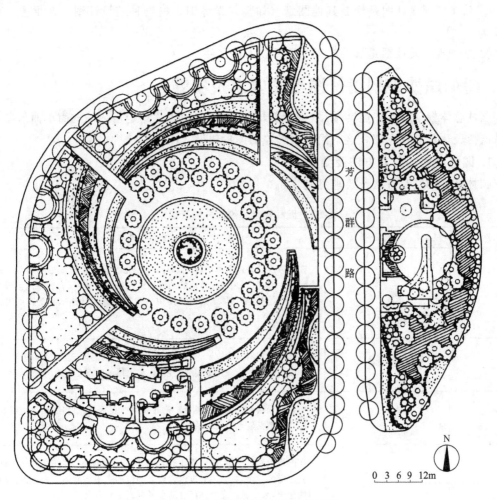

图 2-1　某小游园总体规划设计图纸

一、园林总体规划设计图的内容及作用

1. 总体规划设计图的内容

一般情况下总体规划设计图所表现的内容如下。
① 规划用地的现状和范围。
② 对原有地形、地貌的改造和新的规划。注意在总体规划设计图上出现的等高线均表示设计地形，对原有地形不作表示。
③ 依照比例表示出规划用地范围内各园林组成要素的位置和外轮廓线。

④ 反映出规划用地范围内园林植物的种植位置。在总体规划设计图纸中园林植物只要求分清常绿、落叶、乔木、灌木即可,不要求表示出具体的种类。

⑤ 绘制图例、比例尺、指北针或风玫瑰图。

⑥ 注标题栏,书写设计说明。

2. 园林总体规划设计图的作用

总体规划设计图的作用主要包括以下两点。

① 总体规划设计图是绘制其他图纸(如竖向设计图、植物种植设计图、效果图)的主要依据。

② 总体规划设计图是指导施工的主要技术性文件。

二、园林总体规划设计图绘制要求及步骤

园林总体规划设计图通常采用一些经国家统一制定的或"约定俗成"的简单而形象的图形来概括表达其设计意图,这些简单而形象的图形叫做"图例"。

1. 园林要素的绘制方法及要求

园林要素的绘制方法及要求见表2-1。

表2-1 园林要素的绘制方法及要求

序号	项目	说　明
1	地形	在总体规划设计图纸中,地形的高低变化及其分布情况通常用等高线来表示。一般规定:表现设计地形的等高线用细实线绘制,表现原地形等高线用细虚线绘制,在总体规划设计图中一般只标注设计地形且等高线可以不注高程
2	水体	水体一般用两条线表示,外面的线用特粗实线绘制,表示水体边界线(即驳岸线);里面的一条用细实线绘制,表示水体的常水位线
3	山石	山石的画法均采用其水平投影轮廓线概括表示,以粗实线绘出边缘轮廓,以细实线概括性地绘出皴纹
4	园林建筑	在图纸绘制过程中,对于建筑的表现方法,一般规定为:在大比例图纸中,对有门窗的建筑,可采用通过窗台以上部位的水平剖面图来表示,对没有门窗的建筑,采用通过支撑柱部位的水平剖面图来表示。 在小比例图纸中(1:1000以上),只需用粗实线画出水平投影外轮廓线,建筑小品可不画。 在线型的运用方面一般规定:用粗实线画出断面轮廓,用中实线画出其他可见轮廓。此外,也可采用屋顶平面图来表示(仅适用于坡屋顶和曲面屋顶),用粗实线画出外轮廓,用细实线画出屋面。对花坛、花架等建筑小品用细实线画出投影轮廓
5	园路	在总体规划设计图纸中,园路一般情况下只需用细实线画出路缘即可,但在一些大比例图纸中为了更为清楚地表现设计意图,或者对于园中的一些重点景区,我们可以按照设计意图对路面的铺装形式、图案作以简略的表示

续表

序号	项目	说明
6	植物	园林植物由于种类繁多、姿态各异，平面图中无法详尽地表达，一般采用"图例"作概括的表示。一般情况下在总体规划设计图纸中不要求具体到植物的品种，但是在目前实践中，有一些规划面积较小的简单设计，通常将总体规划设计图纸与种植设计图纸合二为一。因此，在总体规划中要求具体到植物的品种。但对于比较正规的设计而言，总体规划图不用具体到植物的品种，但所绘图例必须区分出针叶树、阔叶树、常绿树、落叶树、乔木、灌木、绿篱、花卉、草坪、水生植物等，而且对常绿植物在图例中必须画出间距相等的45°细斜线。 绘制植物平面图图例时，要注意曲线过渡自然，图形应形象、概括。树冠的投影，大小要按照成龄以后的树冠大小画

2. 编制图例说明

为了方便阅读，在总体规划设计图纸中要求在适当位置对图纸中出现的图例进行标注，注明其含义。为了使图面清晰，对图中的建筑应予以编号，一般情况下建筑的编号用英文字母 A、B、C、D 等表示，然后再注明相应的名称。由于在总体规划设计图纸中不要求区分植物的品种，因此，不用编制园林植物配置表。

3. 标注定位尺寸或坐标网

总体规划设计图中的定位方式有两种：一种是根据原有景物定位，标注新设计的主要景物与原有景物之间的相对距离；另一种是采用直角坐标网定位。

直角坐标网有建筑坐标网和测量坐标网两种标注方式。建筑坐标网是以工程范围内的某一固定点作为相对"辖"点，再按一定距离画出网格，一般情况下水平方向为 X 轴，垂直方向为 Y 轴，便可确定网格坐标。测量坐标网是根据造园所在地的测量基准点的坐标，确定网格的坐标，水平方向为 X 轴，垂直方向为 Y 轴，坐标网格一般用细实线绘制。

4. 绘制比例、风玫瑰图或指北针、注写标题栏

比例尺可以分为数字比例尺和线段比例尺，为便于阅读，总体规划设计图中宜采用线段比例尺，如图 2-2 所示。风玫瑰图或指北针一般放在图纸的右上角。标题栏一般根据具体情况进行注写。

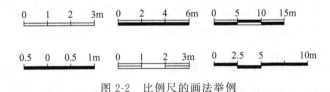

图 2-2　比例尺的画法举例

5. 编写设计说明

设计说明是通过文字对设计思想和艺术效果进行进一步的表达，或者起到对图纸内容补充说明的作用，另外对于图纸中需要强调的部分以及未尽事宜也可用文字进行说明。例如影响到园林设计而图纸中却没有反映出来的因素、地下水位、当地土壤状况、地理、人文等情况。

6. 检查并完成全图

为了更形象地表达设计意图,往往在设计平面图的基础上,根据设计者的构思及需要绘制出立面图、剖面图、鸟瞰图和局部效果图等。

7. 园林总体规划设计图纸的绘制

(1) 根据用地范围的大小与总体布局情况,选择适宜的绘图比例。一般情况下绘图比例的选择主要根据规划用地的大小来确定,若用地面积大,总体布置内容较多,可考虑选用较小的绘图比例;反之,则考虑选用较大的绘图比例。

(2) 确定图幅,做好图面布局。绘图比例确定后,就可根据图形的大小确定图纸幅面,并进行图面布置。在进行图面布置时,应考虑图形、植物配置表、文字说明、标题栏、大标题等内容所占用的图纸空间,使图面布局合理,并且保证图面均衡。

(3) 确定定位轴线,或绘制直角坐标网。对规则式的平面(如园林建筑设计图)要注明轴线与现状的关系。对自然式园路、园林植物种植应以直角坐标网络作为控制依据。坐标网格以 $2m \times 2m$ 或 $10m \times 10m$ 为宜,其方向尽量与测量坐标风格一致,并采用细实线绘制。

采用直角坐标网格标定各造园要素的位置时,可将坐标网格线延长作定位轴线,并在其一端绘制直径为 8mm 的细实线圆进行编号。定位轴线的编号一般标注于图样的下方与左侧,横向用阿拉伯数字自左而右按顺序编号,纵向用大写英文字母(除I、O、Z外,避免与1、0、2混淆)自下而上按顺序编号,并注明基准轴线的位置。

(4) 绘制现状地形与欲保留的地物。

(5) 绘制设计地形与新设计的各造园要素。

(6) 检查底稿,加深图线。

(7) 标注尺寸和标高。平面图上的坐标、标高均以"m"为单位,小数点后保留三位有效数字,不足的以"0"补齐。

(8) 注写图例说明与设计说明。如果图纸上有相应的空间,可注写图例说明与设计说明。为使图面清晰,便于阅读,对图中的建筑物及设施应予以编号,编号一般采用大写英文字母。然后再注明其相应的名称。否则可将必要的内容注写于设计说明书中。

(9) 绘制指北针或风玫瑰图等符号,注定比例尺,填写标题栏、会签栏。为便于读图,园林设计平面图中宜采用线段比例尺。

此外,需要注意的是为了更形象地表达设计意图,往往在设计平面图的基础上,根据设计者的构思及需要绘制出立面图、剖面图、全园鸟瞰图和局部效果图等。

三、园林总体规划设计图的阅读

(1) 看图名、比例、设计说明、风玫瑰图、指北针。根据图名、设计说明、指北针、比例和风玫瑰,我们可了解到总体规划设计的意图和工程性质、设计范围、工程的面积和朝向等基本概况。为进一步地了解图纸做好准备。

(2) 看等高线和水位线。了解园林的地形和水体布置情况,从而对全园的地形骨架有一个基本的印象。

(3) 看图例和文字说明。明确新建景物的平面位置,了解总体布局情况。

(4) 看坐标或尺寸。根据坐标或尺寸查找施工放线的依据。

第三节　园林竖向设计图

　　竖向设计图是根据总体设计平面图及原地形图绘制的地形详图，它借助标注高程的方法表示地形在竖直方向上的变化情况，它是造园工程土方调配预算和地形改造施工的主要依据。

　　竖向设计图主要表达竖向设计所确定的各种造园要素的坡度和各点高程，如各景点、景片的主要控制标高；主要建筑群的室内控制标高；室外地坪、水体、山石、道路、桥涵、各出入口和地表的现状和设计高程。

一、等高线

　　要掌握竖向设计图纸的绘制和识别，必须要具备有关测量学的基本知识，在竖向设计中表现地貌的方法通常采用等高线法。等高线法不但能较形象地表现地貌，而且还可以具体确定地面上点的高程、坡度的大小和方向。

1. 等高线的概念

　　等高线即是把地面上高程相等的相邻点连接而成的闭合曲线。假设用一个水平面截取高低起伏的地面，则水平线与地面的交线就是一条连续不断的闭合曲线，而且曲线上各点的高程相等，即为等高线。

　　相邻两条等高线的高程差称为等高距或等高线间隔。

　　两条相邻等高线之间的水平距离称为等高线平距。等高线平距是由地面坡度的陡缓决定的。等高距与平距之比就是等高线之间的地面坡度。因此，地面坡度与等高平距成反比。地面坡度越陡，等高平距越小；地面坡度越缓，等高平距越大。因此，我们可以根据地形图上等高线的疏密程度判断地面坡度的陡缓情况。

2. 等高线的特性

（1）同一条等高线上的各点，其高程必定相等。

（2）除了遇到陡坎、悬崖、峭壁和少数特殊情况外，等高线不能有相交或重合的现象。

（3）等高平距与地面坡度成反比。

（4）在反映地形时示坡线向外表示山头，向内表示盆地。

3. 等高线的应用

（1）等高距的确定。等高距越小越能详细地表现地貌的变化，根据等高线反映具体地貌的精度越高，但在实践中，等高距过小会影响图面的清晰程度；如果采用过大的等高距情况又会相反。因此，等高距选取的合适与否对整个竖向设计的表达影响很大。

（2）利用设计等高线法绘制的某处街头小游园的竖向设计图示例，如图 2-3 所示。

二、园林竖向设计图的内容及作用

1. 竖向设计图的内容

　　竖向设计是园林总体规划设计的一项重要内容。竖向设计图是表示园林中各个景点、各种设施及地貌等在高程上的高低变化和协调统一的一种图样，主要表现地形、地貌、建筑

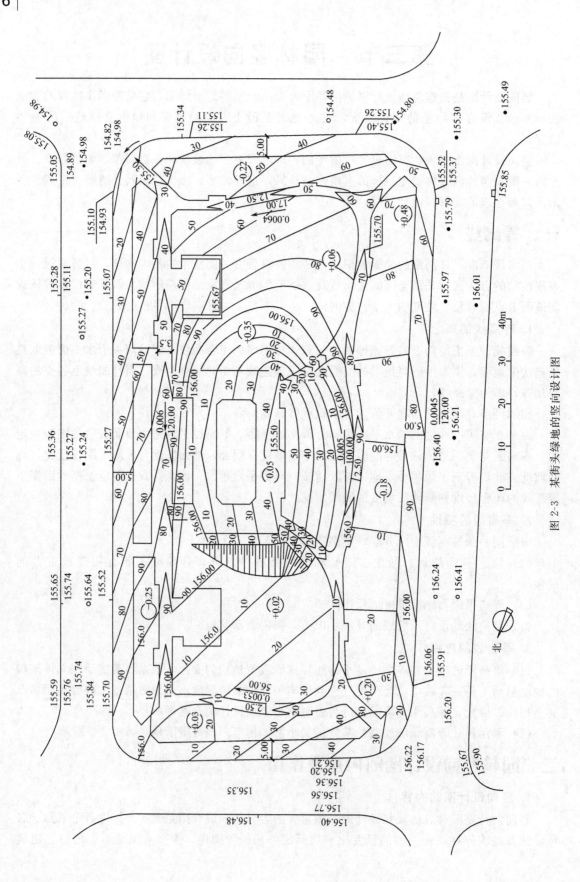

图 2-3 某街头绿地的竖向设计图

物、植物和园林道路系统等各种造园要素的高程等内容，如地形现状及设计高程，建筑物室内控制标高，山石、道路、水体及出入口的设计高程，园路主要转折点、交叉点、变坡点的标高和纵坡坡度以及各景点的控制标高等。它是在原有地形的基础上，所绘制的一种工程技术图样。

2. 竖向设计图的作用

竖向设计图是造园工程土方调配预算和地形改造施工的主要依据。它是从园林的实用功能出发，对园林地形、地貌、建筑、绿地、道路、广场、管线等进行综合竖向设计，统筹安排园内各种景点、设施、地貌以及景观之间的关系，使地上设施和地下设施之间、山水之间、园内与园外之间在高程上有合理的关系，从而创造出技术经济合理、景观优美和谐、富有生机的园林作品。

三、园林竖向设计图的绘制

1. 园林竖向设计图的绘制要求

（1）绘制等高线　在绘制竖向设计图时一般要根据地形设计中地形在竖向上的变化情况，选定合适的等高距，现代园林中，一般地形变化不强烈，常用的等高距是1m。在竖向设计图中一般用细实线表示设计地形的等高线，用细虚线表示原地形的等高线。等高线上应标注高程，高程数字处等高线应断开，高程数字的字头应朝向山头，数字要排列整齐。周围平整地面（或者说相对零点）高程标注为±0.000。高于相对零点为正，数字前注写"＋"号，但一般情况下常省略不写；低于相对零点为负，数字前应注写"－"号。高程单位为m，要求保留两位小数。

对于水体，用特粗实线表示水体边界线（即驳岸线）。当湖底为缓坡时，用细实线绘出湖底等高线，同时均需标注高程，并在标注高程数字处将等高线断开。当湖底为平面时，用标高符号标注湖底高程，标高符号下面应加画短横线和45°线表示湖底。

（2）标注建筑、山石、道路高程　竖向设计图要求将总体规划设计图中的建筑、山石、道路、广场等园林组成要素按水平投影轮廓绘制到竖向设计图中。其中建筑用中实线，山石用粗实线，广场、道路用细实线。

具体的标注要求为：建筑应标注室内地坪标高，以箭头指向所在位置。山石用标高符号标注最高部位的标高。道路高程一般标注在交叉、转向、变坡处，标注位置以圆点表示，圆点上方标注高程数字。

（3）标注排水方向　对于排水方向的标注我们一般根据坡度，用单箭头来表示雨水排除方向。

（4）绘制方格网　为了便于施工放线，在竖向设计图中应设置方格网。设置时尽可能使方格的某一边落在某一固定建筑设施边线上（目的是为了将方格网测设到施工现场），每一网格边长可根据需要确定为5m、10m、20m等，其比例应与图中比例保持一致。方格网应按顺序编号，一般规定为：横向从左向右，用阿拉伯数字编号；纵向自下而上，用拉丁字母编号，并按测量基准点的坐标，标注出纵横第一网格坐标。

此外，需注意绘制比例、指北针、注写标题栏、技术要求等。

2. 园林竖向设计图的绘制步骤

（1）根据用地范围的大小和图样复杂程度，选定适宜的绘图比例。对同一个工程而言，一般常采用与总体规划设计图相同的比例。

(2) 确定合适的图幅，合理布置图面。

(3) 确定定位轴线，或绘制直角坐标网。

以上两步与园林总体规划设计平面图的绘图要求相同。

(4) 根据地形设计选定合适的等高距，并绘制等高线。

① 等高距。等高距可根据地形的变化而确定，可为整数，也可为小数。现代园林不提倡大面积挖湖堆山，因此，所作的地形设计一般都为微地形，所以在不说明的情况下等高距均默认为1m。

② 等高线。在竖向设计中等高线用细实线绘制，原地形等高线用虚实线绘制。

(5) 绘制出其他造园要素的平面位置。

① 园林建筑及小品。按比例采用中实线绘制，并且只绘制其外轮廓线。

② 水体。驳岸线用特粗线绘制，湖底为缓坡时，用细实线绘出湖底等高线。湖底为平底时应在水面上将湖底的高程标出。

③ 山石、道路、广场。山石外轮廓线用粗实线绘制，广场、道路用细实线绘制。对于假山要求标注出最高点的高程。

④ 为使图面清晰可见，在竖向设计图纸中通常不绘制园林植物。

(6) 标注排水方向、尺寸，注写标高。

① 排水方向的标注。排水方向用单箭头表示。雨水的排除一般采取就近排入园中水体，或排出园外的方法。

② 等高线的标注。等高线上应注写高程，高程数字处等高线应断开，高程数字的字头应朝向山头，数字应排列整齐。一般以平整地面高程定为±0.000，高于地面为正，数字前"+"可省略；低于地面0.000为负，数字前应注写"－"号。高程的单位为"m"，小数点后保留。

③ 建筑物、山石、道路、水体等的高程标注。

a. 建筑物。应标注室内地坪标高，并用箭头指向所在位置。

b. 山石。用标高符号标注最高部位的标高。

c. 道路。其高程一般标注于交汇、转向、变坡处。标注位置以圆点表示，圆点上方标注高程数字。

d. 水体。当湖底为缓坡时，标注于湖底等高线的断开处；当湖底为平面时，用标高符号标注湖底高程，标高符号下面应加画短横线和45°斜线表示湖底。

(7) 注写设计说明。用简明扼要的语言，注写设计意图，说明施工的技术要求及做法等，或附设计说明书。

(8) 画指北针或风玫瑰图，注写标题栏。

四、园林竖向设计图的阅读

(1) 看图名、比例、指北针、文字说明。了解工程名称、设计内容、工程所处方位和设计范围。

(2) 看等高线及其高程标注。了解新设计地形的特点和原地形标高，了解地形高低变化及土方工程情况，并结合景观总体规划设计，分析竖向设计的合理性。并且根据新、旧地形高程变化，了解地形改造施工的基本要求和做法。

(3) 看建筑、山石和道路标高情况。

（4）看排水方向。

（5）看坐标，确定施工放线依据。

第四节　园林植物种植设计图

一、园林植物种植设计图的内容及作用

1. 园林植物种植设计图的内容

园林植物种植设计图是表示设计植物的种类、数量、规格、种植位置及类型和要求的平面图样。

园林植物种植设计图是用相应的平面图例在图纸上表示设计植物的种类、数量、规格以及园林植物的种植位置。通常还在图面上适当的位置，用列表的方式绘制苗木统计表，具体统计并详细说明设计植物的编号、图例、种类、规格（包括树干直径、高度或冠幅）和数量等。

2. 园林植物种植设计图的作用

植物种植设计图是植物种植施工、工程预结算、工程施工监理和验收的依据，它应能准确表达出种植设计的内容和意图。

二、园林植物设计图的绘制

1. 绘制要求

（1）设计平面图　在设计平面图上，给出建筑、水体、道路及地下管线等位置，其中水体边线用粗实线，在水体边界线内侧用细实线表示出水面，建筑用中实线，道路用细实线，地下管道或构筑物用中虚线。

（2）种植设计图　自然式种植设计图，宜将各种植物按平面图中的图例或用单一圆圈加引出线的形式，绘制在所设计的种植位置上，并应以圆点示出树干位置。树冠大小按成龄后冠幅绘制。为了便于区别树种，计算株数，应将不同树种统一编号，标注在树冠图例内或用折曲线将相同树种的种植点连起加引出线表明树木编号。

在规则式的种植设计图中，对单株或丛植的植物宜以圆点表示种植位置，对蔓生和成片种植的植物，用细实线绘出种植范围，草坪用小圆点表示，小圆点应绘得有疏有密，凡在道路、建筑物、山石、水体等边缘处应密，然后逐渐稀疏，作出退晕的效果。对同一树种在可能的情况下尽量以粗实线连接起来，并用索引符号逐树种编号，索引符号用细实线绘制，圆圈的上半部注写植物编号，下半部注写数量，尽量排列整齐使图面清晰。

（3）苗木统计表　在图中适当位置，列表说明所设计的植物编号、植物名称、拉丁文名称、单位、数量、规格、出圃年龄等，见表2-2。

表 2-2　苗木统计

编号	树种	单位	数量	规格		出圃年龄	备注
				干径/cm	高度/m		
1	垂柳	株	4			3	
2	白皮松	株	8			8	

续表

编号	树种	单位	数量	规格		出圃年龄	备注
				干径/cm	高度/m		
3	油松	株	14	5.0		8	
4	五角枫	株	9	8.0		4	
5	黄栌	株	9	8.0		4	
6	悬铃木	株	4	4.0		4	
7	红皮云杉	株	4	4.0		8	
8	冷杉	株	4	4.0		10	
9	紫杉	株	8	8.0		6	
10	爬地柏	株	100	10.0	1.0	2	
11	卫矛	株	5	6.0	1.0	4	每丛10株
12	银杏	株	11			5	
13	紫丁香	株	100			3	
14	暴马丁香	株	60		1.0	3	每丛10株
15	黄刺玫	株	56	5.0	1.0	3	每丛10株
16	连翘	株	35		1.0	3	每丛8株
17	黄杨	株	11		1.0	3	每丛7株
18	水蜡	株	7			3	
19	珍珠花	株	84		1.0	3	
20	五叶地锦	株	122	1.0	3.0	3	每丛12株
21	花卉	株	60		3.0	1	
22	结缕草	m²	200				

(4)定位尺寸 自然式植物种植设计图,宜用与设计平面图、地形图同样大小的坐标网确定种植位置,规则式植物种植设计图,宜相对某一原有地上物,用标注株行距的方法,确定种植位置。

(5)种植详图 必要时按苗木统计表中编号绘制种植详图,说明种植某一种植物时挖坑、覆土、施肥、支撑等种植施工要求,图2-4所示为植物种植详图。

(6)比例、风玫瑰图或指北针,主要技术要求及标题栏 按具体要求绘制、注写。

2. 绘制方法及步骤

(1)确定绘图比例。根据用地范围大小与总体布局的内容,选定适宜的绘图比例。

(2)确定图幅,布置图面。比例确定后,可据图形的大小确定图纸幅面进行图面布置。

(3)确定定位轴线或绘制直角坐标网,绘制现状地形与将保留的地物。

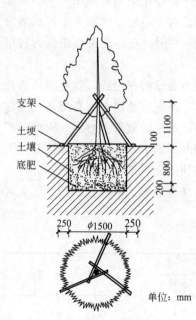

图2-4 植物种植详图

(4) 绘制设计地形与新设计的各造园要素，编制苗木统计表。

(5) 编写设计施工说明，绘制植物种植详图。必要时按苗木统计表中的编号，绘制植物种植详图，说明种植某一植物时挖坑、施肥、覆土、支撑等种植施工要求。

(6) 画指北针式风玫瑰图，注写比例和标题栏。

(7) 检查并完成全图。

三、园林种植设计图的阅读

(1) 看标题栏、比例、风玫瑰图及设计说明，了解当地的主导风向，明确绿化工程的目的、性质与范围，了解绿化施工后应达到的效果。

(2) 根据植物图例及注写说明、代号和苗木统计表，了解植物的种类、名称、规格和数量，并结合施工做法与技术要求，验核或编制种植工程预算。

(3) 看植物种植位置及配置方法，分析设计方案是否合理，植物栽植位置与各种建筑构筑物和市政管线之间的距离（需另用图文表示）是否符合有关设计规范的规定。

(4) 看植物的种植规格和定位尺寸，明确定点放线的基准。

第五节　园林建筑设计图

园林建筑设计图是表达建筑设计构思和意图的工程图样，必须严格按照制图国家标准详细、准确地表示建筑物的内外形状和大小，以及各部分的结构、构造、装饰、设备的做法和施工要求。

园林建筑的设计程序一般分为初步设计和施工图设计两个阶段。

一、初步设计

初步设计主要提出方案，说明建筑的平面布置、立面造型、结构造型等内容，绘制出建筑初步设计图。因此，初步设计图应反映出建筑物的形状、大小和周围环境等内容，用以研究造型、推敲方案。方案确定后，再进行技术设计和施工设计。

在本节中我们主要讲的园林建筑设计图主要指初步设计图。一份完整的设计图纸通常包括：建筑总平面位置图、建筑平面图、建筑立面图、建筑剖面图和透视图。

初步设计图虽然包含的内容比较多，但在绘制时应尽量将所有内容画在同一张图纸上，图面布置可以灵活些，表达方法可以多样，例如可以上阴影和配景，或用色彩渲染，以加强图画效果。图 2-5 所示就是一份半圆形花架单体设计图。

二、施工图设计

(1) 建筑施工图（简称建施）　主要表达建筑设计的内容，包括建筑物的总体布局、内部空间布置、外部形状以及细部构造、装修、设备和施工要求等。基本图样包括建筑总平面图、建筑平面图、建筑立面图、建筑剖面图、构造详图和建筑透视图等。

(2) 结构施工图（简称结施）　主要表达结构设计的内容，包括建筑物各承重结构的形状、大小、布置、内部构造和使用材料的详图。基本图样包括结构布置平面图、各构件结构详图等。

(3) 设备施工图（简称设施）　主要表达设备设计的内容，包括各专业的管道和设备的

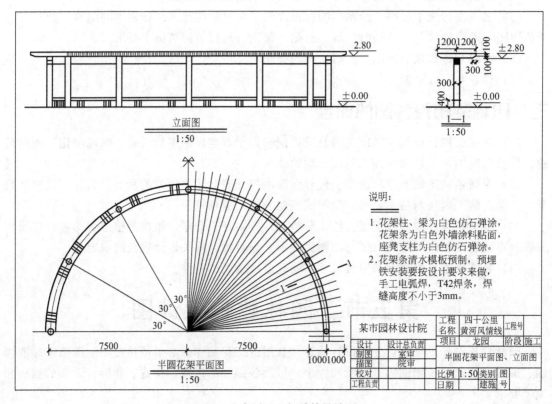

图 2-5 半圆形花架单体设计图

布置及构造。基本图样包括给排水（水施）、采暖通风（暖通施）、电气照明（电施）等设备的布置平面图、系统轴测图和详图。

第六节 园林绿地规划设计实例分析

一、园林绿地的分类与布局

园林绿地是为改善城市生态，保护环境，供居民户外游憩，美化市容，以栽植树木花草为主要内容的土地，是城镇和居民点用地中的重要部分。

1. 园林绿地的分类

我国的城市园林绿地尚无统一的分类方法，目前主要有以下几种分类方法。

（1）按服务对象划分 可分为公共绿地、私用绿地、专用绿地等。公共绿地是供市民游乐的绿地，如公园、游园等；私用绿地是供某一单位使用的绿地，如学校绿地、医院绿地、工业企业绿地等；专用绿地是供科研、文化教育、卫生防护及发展生产的绿地，如动物园、植物园、苗圃、花圃、禁猎禁伐区等。

（2）按位置划分 可分为城内绿地和郊区绿地，前者指市区范围内的绿地，后者指位于郊区的绿地。

（3）按功能划分 可分为文化休息绿地、美化装饰绿地、卫生防护绿地和经济生产绿地等。文化休息绿地指供居民进行文化娱乐休息的绿地，如风景游览区、公园、游园等；美化装饰绿地指以建筑艺术上的装饰作用为主的绿地；卫生防护绿地指主要在卫生、防护、安全上起作用的绿地；经济生产绿地指以经济生产为主要目的的绿地。

（4）按规模划分　可分为大型、中型、小型绿地，大型绿地面积在 $50hm^2$ 以上，中型在 $5\sim50hm^2$，小型在 $5hm^2$ 以下。

（5）按服务范围划分　可分为全市性绿地、地区性绿地和局部性绿地。

（6）按功能系统划分　可分为生活绿地系统、游憩绿地系统、交通绿地系统。生活绿地系统如居住区绿地、大中小学校绿地、医院绿地、文化机构绿地、防风林等；游憩绿地系统如各类大小公园、动植物园、名胜古迹绿地、广场绿地、风景休疗养区绿地等；交通绿地系统如道路和停车场绿地、站前广场绿地、港湾码头及机场绿地、对外交通的公路铁路绿地等。

2. 园林绿地的布局

（1）城市园林绿地系统规划应结合城市其他部分的规划，综合考虑，全面安排。绿地在城市中分布很广，潜力较大，园林绿地与工业区布局、公共建筑分布、道路系统规划应密切配合、协作，不能孤立地进行。

（2）城市园林绿地系统规划，必须因地制宜，从实际出发。我国地域辽阔、幅员广大，各地区城市情况错综复杂，自然条件及绿化基础各不相同。因此城市绿地规划必须结合当地自然条件，现状特点。各种园林绿地必须根据地形、地貌等自然条件、城市现状和规划远景进行选择，充分利用原有的名胜古迹、山川河湖，组成美好景色。

（3）城市园林绿地应均衡分布，比例合理，满足全市居民休息游览需要。城市中各种类型的绿地担负有不同的任务，各具特色。以公共绿地中的公园为例，大型公园设施齐全，活动内容丰富，可以满足人们在节假日休息游览、文化体育活动的需要。而分散的小型公园、街头绿地，以及居住小区内的绿地，则可以满足人们经常休息活动的需要，各类园林在城市用地范围内大体上应均匀分布。公园绿地的分布，应考虑一定的服务半径，根据各区的人口密度来配置相应数量的公共绿地，保证居民能方便地利用。

我们可以将绿地的分布归纳为4个结合：即点（公园、游园、花园）、线（街道绿化、游憩林荫带、滨水绿地）、面（分布广大的专用绿地）相结合；大中小相结合；集中与分散相结合；重点与一般相结合，构成一个有机的整体。由于各种功能作用不同的绿地相连成系统之后，才能起到改善城市环境及小气候的作用。

（4）城市园林绿地系统规划既要有远景的目标，也要有近期的安排，做到远近结合。规划中要充分研究城市远期发展的规模，根据人民生活水平逐步提高的要求，制订出远期的发展目标，不能只顾眼前利益，而造成将来改造的困难。同时还要照顾到由近及远的过渡措施。

3. 园林绿地布局形式

（1）带状绿地布局　这种布局多数由于利用河湖水系、城市道路、旧城墙等因素，形成纵横向绿带、放射状绿带与环状绿地交织的绿地网，如哈尔滨、苏州、西安、南京等地。带状绿地的布局形式容易表现城市的艺术面貌。

（2）块状绿地布局　这类情况都出现在旧城改建中，如上海、天津、武汉、大连、青岛等，目前我国多数城市情况属此。这种绿地布局形式，可以做到均匀分布，居民方便使用，但对构成城市整体的艺术面貌作用不大，对改善城市小气候条件的作用也不显著。

(3) 楔形绿地布局　凡城市中由郊区伸入市中心的由宽到狭的绿地，称为楔形绿地，如合肥市。一般都是利用河流、起伏地形、放射干道等结合市郊农田防护林来布置。优点是能使城市通风条件好，有利于城市艺术面貌的体现。

(4) 混合式绿地布局　是前三种形式的综合运用。可以做到城市绿地点、线、面结合，组成较完整的体系。其优点是：可以使生活居住区获得最大的绿地接触面，方便居民游憩，有利于小气候的改善，有助于城市环境卫生条件的改善，有利于丰富城市总体与各部分的艺术面貌。

二、公园规划设计

公园是城市绿地系统中的重要组成部分，是城市居民文化生活不可缺少的重要因素。它不仅为城镇提供大片绿地，而且是市民开展文化、娱乐、体育、游憩活动的公共场所。公园对城镇的精神文明、环境保护、社会生活起着重要作用。

1. 公园规划设计原则

公园一般面积较大，内容丰富，服务项目多。因此规划设计也较为复杂，现代城市绿地设计中，遵循阿姆斯特德原则，其要点如下。

① 保护自然景观，绿地设施融化于自然环境之中。
② 尽可能避免使用规则形式。
③ 保持公园中心区一定面积的草坪、草地。
④ 道路呈流畅曲线形，并形成循环系统。
⑤ 全园靠道路划分不同区域。
⑥ 选用当地的乔木、灌木。

2. 公园出入口的确定与设计

(1) 出入口的确定　公园的出入口一般分主要入口、次要入口和专用入口三种。

主要入口位置的确定取决于公园与城市规划的关系、园内分区的要求、地形的特点等，需全面衡量综合确定。主要入口应与城市主要干道、游人主要来源方向以及公园用地的自然条件等诸因素协调后确定。合理的公园出入口将使城市居民便捷地进出公园内外。

为了完善服务，方便管理和生产，多选择公园较偏僻处，或公园管理处附近设置专用入口。为了满足大量游人在短时间内集散的功能要求，公园内的文娱设施如剧院、展览馆、体育运动场等多分布在主入口附近；或在上述地点附设专用入口，以达到方便使用的目的。

为方便游人，一般在公园四周不同方位选定不同出入口。如公园附近的小巷或胡同，可设立小门，以免周围居民绕圈才能入园。

(2) 出入口的设计　公园主要出入口的设计，首先应考虑它在城市景观中所起到的装饰市容的作用。也就是说，主要出入口的设计，一方面要满足功能上游人进、出公园在此交汇、等候的需求；同时要求公园主要出入口美丽的外观，成为城市绿化的橱窗。

公园主要出入口设计内容包括公园内、外集散广场、园门、还有停车场、存车处、售票处、围墙等。公园出入口的内、外广场，有时也设置一些纯装饰性的花坛、水池、喷泉、雕像、宣传性广告牌、公园导游图等。有的大型公园入口旁设有小卖部、邮电所、治安保卫部、车辆存放处、婴儿车出租处。国外公园大门附近还有残疾人游园车出租。

公园主要入口前广场应退后到马路街道以内，形式要多种多样。广场大小取决于游人量，或因绿地艺术构图的需要而定。综合性公园主要大门，内、外广场的设计是总体规划设计中重要组成部分之一。上海长风公园北大门广场为 70m×25m，南大门外广场为 50m×40m（公园总面积为 36.6hm^2）；北京紫竹院公园南大门内、外广场各为 48m×38m；哈尔滨儿童公园广场为 70m×40m。

3. 公园分区规划

公园规划工作中，分区规划的目的是满足不同年龄、不同爱好的游人的游憩和娱乐要求，合理有机地组织游人在公园内开展各项游乐活动。

（1）分区规划的依据。公园内分区规划的依据是根据公园所在地的自然条件，如地形、土壤状况、水体、原有植物、已存在并要保留的建筑物或历史古迹、文物情况，尽可能地"因地、因时、因物"而"制宜"，结合各功能分区本身的特殊要求，以及各区之间的相互关系、公园与周围环境之间的关系进行分区规划。除了上述公园所在地的自然条件、物质条件外，还要依据公园规划中所要开展的活动项目的服务对象，即游人的不同年龄特征，儿童、老人、年轻人等各自游园的目的和要求和不同游人的兴趣、爱好、习惯等游园活动规律进行规划。

（2）分区规划的内容（见表2-3）。

表 2-3　分区规划的内容

序号	内容	说　明
1	观赏游览	游人在城市公园中，观赏山水风景、奇花异草，浏览名胜古迹、欣赏建筑雕刻、鱼虫鸟兽以及盆景假山等内容
2	文化娱乐	露天剧场、展览厅、游艺室、音乐厅、画廊、棋艺、阅览室、演说讲座厅等
3	儿童活动	我国公园的游人中儿童占很大比例，占1/3左右。可开辟学龄前儿童和学龄儿童的游戏娱乐，少年宫、迷宫、障碍游戏、小型趣味动物角、植物观赏角、少年体育运动场、少年阅览室、科普园地等
4	老年人活动	随着老龄化加剧，大多数退休老人身体健康、精力充沛，在公园中规划老年人活动区是十分必要的
5	安静休息	垂钓、品茗、博弈、书法绘画、划船、散步、气功等内容在环境优美、僻静处开展活动
6	体育休息	不同季节开展游泳、溜冰、旱冰活动，条件好的体育活动区设有体育馆、游泳馆、足球场、篮排球场、乒乓球室、羽毛球、网球、武术、太极拳场地等
7	公园管理	办公、花圃、苗圃、温室、荫棚、仓库、车库、变电站、水泵以及食堂、宿舍、浴室等

此外，为配合以上活动内容，综合性公园应配备以下服务设施：餐厅、茶室、小卖部、公用电话、园椅、园灯、厕所、卫生箱等。

（3）公园规划要点

① 观赏游览区。公园中观赏游览区，往往选择山水景观优美的地域，结合历史文物、名胜古迹、建造盆景园、展览温室，或布置观赏树木、花卉的专类园，配置假山、石品，点以摩崖石刻、匾额、对联创造出情趣浓郁、典雅清幽的景区。配合盆景园、假山园，同时展出花、鸟、鱼、虫等中国传统观赏园艺品等。

② 文化娱乐区。文化娱乐区是公园的"动"区。主要设施有：俱乐部、电影院、音乐

厅、展览室等。其主要绿地建筑要构成全园布局的重点。文化娱乐区的规划，应尽可能地巧妙利用地形特点，创造出景观优美、环境舒适、投资少、效果好的景点和活动区域。如利用较大水面设置水上活动；利用坡地设置露天剧场，或利用下沉谷地开辟露天演出、表演场地。为避免该区内各项目之间的相互干扰，各建筑物、活动设施之间要保持一定距离，通过树木、建筑、土山等加以隔离。大容量的群众娱乐项目，如露天剧场、电影院、溜冰场等，由于集散时间集中，所以要妥善组织交通，尽可能在规划条件允许的情况下接近公园的出入口，或单独设专用出入口，以便快速集散游人。由于该区建筑物、构筑物相对集中，可以集中供水、供电、供暖以及地下管网布置。

③ 儿童活动区。在儿童活动区规划过程中，不同年龄的少年儿童要分开考虑。活动内容主要有：游戏场、戏水池、运动场、障碍游戏区、少年宫、少年阅览室等。近年来，儿童活动内容增加了许多电动设备，如森林小火车、单轨高空电车、电瓶车等内容。儿童活动区的规划要点如下。

a. 一般靠近公园主入口，便于儿童进园后，能尽快到达园地，开展自己喜爱的活动。也避免入园后，儿童穿越园路过程，影响其他区游人活动的开展。

b. 儿童区的建筑、设施宜选择造型新颖、色彩鲜艳的作品，以引起儿童对活动内容的兴趣，同时也符合儿童天真烂漫、好动活泼的特征。

c. 植物种植，应选择无毒、无刺、无异味的树木、花草；儿童区不宜用铁丝网或其他具有伤害性的物品，以保证活动区内儿童的安全。

d. 有条件的公园，在儿童区内要设小卖部、盥洗室、厕所等服务设施。

e. 儿童区活动场地周围应考虑遮阴树林、草坪、密林，并能提供缓坡林地、小溪流、宽阔的草坪，以便开展集体活动及夏季的遮阴。

f. 应考虑成人休息场所，为家长、成年人提供休息、等候的休息性建筑。

④ 安静休息区。安静休息区一般选择具有一定起伏形（山地、谷地）或溪旁、河边、湖泊、河流、深潭、瀑布等环境，并且要求原有树木茂盛、绿草如茵的地方。公园内安静休息区并不一定集中于一处，只要条件合适，可选择多处，一方面保证公园有足够比例的绿地，另外也可满足游人回归大自然的愿望。安静休息区主要开展垂钓、散步、气功、太极拳、博弈、品茶、阅读、划船等活动。该区的建筑设置宜散落不宜聚集，宜素雅不宜华丽。结合自然风景，设立亭、榭、花架、曲廊、或茶室、阅览室等绿地建筑。

⑤ 老人活动区。老人活动区在公园规划中应当考虑在安静休息区内，或安静休息区附近。同时要求环境幽雅、风景宜人。供老人活动的主要内容有：老人活动中心，开办书画班、盆景班、花鸟鱼虫班；组织老人交际舞、老人门球队、舞蹈队。

⑥ 体育活动区。如果公园周围已有大型的体育场、体育馆，就不必在公园内开辟体育活动区。体育活动区除了有条件在公园举行专业体育竞赛外，应做好广大群众在公园开展体育活动的规划安排，如夏日游泳，北方冬天滑冰，或提供旱冰场等。

⑦ 公园管理处。公园管理工作主要包括管理办公、生活服务、生产组织等方面内容。一般该区设置在既便于公园管理，又便于与城市联系的地方。由于管理区属公园内部专用地区，规划时要考虑适当隐蔽，不宜过于突出，影响风景游览。公园管理区内，可设置办公楼、车库、食堂、宿舍、仓库、浴室等办公、服务建筑设施；在该区视规模大小，安排花圃、苗圃、生产温室、冷窖、荫棚等生产性建筑与构筑物。为维持公园内部管理、生产管理，同时公园还要妥善安排游人的生活、游览、通信、急救等。在总体规划过程中，要根据

游人的活动规律，选择好适当地点，安排餐厅、茶室、小卖部、公用电话亭、摄景部等对外服务性建筑。上述建筑物、构筑物力求与周围环境协调，造型美观，整洁卫生，管理方便。公园管理区或大型餐厅、服务中心等都要设专用出入口，以便园务生产与游览道路分开，既方便于公园的管理与生产，又不影响公园游览服务。

4. 综合性公园的规划设计

（1）综合性公园规划内容（见表2-4）。

表2-4　综合性公园规划内容

序号	内容	说　明
1	休憩娱乐	按游人的各种年龄、爱好、职业、习惯等不同的要求，安排各种活动内容的分区，如安静休息区、文化娱乐区、儿童活动区等，尽可能各得其所
2	政治、文化及科学普及教育	宣传党的方针政策，组织假日游园活动，国际友好交往，为青少年提供的科技活动场所。在公园中设有展览、陈列、阅览，组织科学技术成果的介绍，设置动物园、植物园，普及提高人民的科学文化知识的场地
3	服务设备	供休息用的坐椅、亭、廊等设施，饮食服务的餐厅、茶室、小卖、摄影、租借活动用具、询问、电话亭及物品寄存处、厕所、垃圾箱等等
4	园务管理区	办公室、内部食宿、杂物等用地，并附设不开放的苗圃、花圃及温室、车库等

（2）综合性公园规划设计要点

① 出入口的规划设计要点。公园出入口的位置选择，是公园规划设计中一项重要的工作。游人能方便地出入，对城市交通、市容及园内功能分区均会有直接的影响。

公园可有1个主要出入口，1个或几个次要出入口及专用出入口。主要出入口的位置应设在城市主要道路和公共交通方便的地方，但不要受外界过境交通的干扰。另外，还应考虑公园内用地情况，配合公园的规划设计要求，在出入口前后应留有足够的人流集散广场，入口附近设停车场及自行车存放处。设置入口时也要考虑与园内道路联系方便，符合游览路线。次要出入口是辅助性的，为附近局部地区居民服务的。专用出入口是为公园管理工作的需要而设置的，由园管区及花圃、苗圃等直接通向街道，不供游人使用。

② 公园分区规划设计要点。

a. 文化娱乐区。也称为公园中的闹区，是人流集中的地方。有俱乐部、游戏场、技艺表演场、露天剧场、舞池、旱冰场、电影院、剧院、音乐厅、展览馆等。北方地区冬季可利用自然水面及人工制成溜冰场。园内的主要建筑往往较多地设在这个区，成为全园布局的构图中心。设计时注意避免区内各项活动内容的干扰，可利用树木、山石、土丘、建筑等加以隔离。群众性的娱乐活动常常人流量较高、较集中，要合理地组织空间，应注意要有足够的道路和生活服务设施。文娱活动建筑的周围要有较好的绿化条件，与自然景观融为一体。游人在这个区的用地以 $30m^2$/人为宜。

b. 安静休息区。安静休息区是公园中占地面积最大，专供游人安静休息如散步、游览、欣赏自然风景，故需要有大片的风景林地，有较复杂的地形变化，为公园中景色最优美的地段，如结合水面、泉水、瀑布等。其建筑物及植物配置要有较高的艺术性。此区应与闹区能有一个自然的隔离,以免受干扰,可布置在远离出入口处。游人的密度要小,用地以$100m^2$/人为宜。

c. 儿童活动区。儿童活动区应规划有主要、次要的出入口及广场,供附近居民使用。儿童活动区应靠近出入口,并与其他区用地有分隔,尤其不可与成人活动区混在一起。严防穿行此区,保持一定的独立性。为了布置不同的活动内容,最好有平地、土丘等小地形变化及水面,并要求有充足的日照和排水良好。树木花草品种有丰富的季相变化。在儿童活动区内有不同的功能分区:按不同年龄的儿童分成体育活动区、游戏活动区、文化娱乐区、科学普及教育区等。如果没有严格的分区,可设置不同的游戏场地及集体活动的小型广场。同时也应设有必要的服务性设施如小卖部、洗手池、厕所等。儿童活动区的用地面积最好能达到$50m^2$/人。区内的设备、建筑物等要考虑少年儿童的身高;建筑小品的形式要适合少年儿童的兴趣,富有教育意义和丰富的想象力,可有童话、寓言的色彩,使少年儿童心理上有新奇、亲切的感觉。道路的布置要简捷明确,容易辨认,主要路面要能通行童车。在活动场地多种庇荫乔木,在重点绿化区可植花灌木,不要种有毒、有刺的、有恶臭的浆果植物。地面最好均铺上草地,以防尘土飞扬,影响卫生与健康。活动区周围不要用铁丝网。

d. 园务管理区。此区内可包括管理办公、仓库、生活服务部分等,与城市街道有方便的联系,设有专用出入口。四周要与游人有隔离。到管理区内要有车道相通,以便于运输和消防。本区要隐蔽,不要暴露在风景游览的主要视线上。

e. 服务设施。公园的服务设施因公园用地面积的大小及游人量而定。在较大的公园里,可设有1 2个服务中心,或按服务半径设服务点,结合公园活动项目的分布,在游人集中或停留时间较长、地点适中的地方设置。服务中心的设施有:饮食、休息、电话、询问、摄影、寄存、租借和购买物品等项。服务点是为园内局部地区的游人服务的,设施可有饮食、休息、电话等项。还需要根据各区活动项目的需要设置服务,如钓鱼区设租借渔具,购买鱼饵的服务设施,滑冰场设租借冰鞋等项目。

③ 种植规划要点。

a. 体育活动区。要求有充足的阳光,植物不宜有强烈的反光,树种及颜色要单纯,以免影响运动员的视线,最好能将球的颜色衬托出来,足球场用耐踩的草坪覆盖。体育场地四周应用常绿密林与其他区分开。树种选择应避免选用有种子飞扬、结果的、易生病虫害、分蘖性强、树姿不齐的树木。

b. 儿童活动区。采用的树木种类应该比较丰富,这些可以引起儿童对自然界的兴趣,增长植物学的知识。儿童集体活动场地应有高大、树冠开展的落叶乔木庇荫,不宜种植有刺、有毒,或易引起过敏症的开花植物、种子飞扬的树种,尽量不用要求肥水严格的果树或不用果树。主要配置富于色彩和外形奇特的植物,要用密林或树墙与其他活动区分开。总之,该区的绿化面积,不宜小于全区面积的50%。

c. 安静休息区。本区用地面积较大,应该采用密林的方式绿化,在密林中分布很多的散步小路、林间空地等,并设置休息设施,还可设庇荫的疏林草地、空旷草坪,设置多种专类花园,再结合水体效果更佳。此区内以自然式绿化配置为主。

d. 文娱活动区。常常有大型的建筑物、广场、道路、雕塑等,一般采用规则式的绿化种植。在大量游人活动较集中的地段,可设开阔的大草坪,留出足够的活动空间,以种植高大的乔木为宜。

e. 公园绿化种植的比例。一般常绿树与阔叶树应有一定比例：华南地区常绿树占 70%～80%，落叶树占 20%～30%；华中地区常绿树占 50%～60%，落叶树占 40%～50%；华北地区常绿树占 30%～40%，落叶树占 60%～70%。

全园内树种规划上应有 12 种为基调树种，在不同景区有不同的主调树种，造成不同景观特色，但相互之间又要有统一协调，而基调树种能使全园绿化种植统一起来，达到多样统一的效果。

在大型公园中，还可以设多种专类园，例如：牡丹园、丁香园、月季园、梅园等，达到不同时期都有花可观，对科普教育起到很好的作用。

5. 儿童公园规划设计

儿童公园是为幼儿和学龄儿童创造以户外活动为主的良好环境，供其进行游戏、娱乐、体育活动，并从中得到文化科学普及知识的城市专类公园。

建设儿童公园的目的是让儿童在活动中接触大自然、熟悉大自然，接触科学、热爱科学，从而锻炼了身体，增长了知识，培养优良的道德风尚。

（1）儿童公园规划设计分类（见表 2-5）。

表 2-5 儿童公园的规划设计分类

序号	分类	说明
1	综合性儿童公园	综合性儿童公园有市属和区属的两种。综合性儿童公园内容比较全面，能满足多样活动的要求，如可设各种球场、游戏场、小游泳池、耍水池、电动游戏器械、障碍活动场、露天剧场、少年科技站、阅览室、小卖部等
2	特色性儿童公园	特色性儿童公园是突出某一活动内容，且比较系统完整。如儿童交通公园，可系统地布置各种象征性的城市交通设施，使儿童通过活动了解城市交通的一般特点和规则，培养儿童遵守交通制度等的良好习惯
3	小型儿童公园	小型儿童乐园的作用与儿童公园相似，但一般设施简易，数量较少，占地也较小。通常设在城市综合性公园内

（2）儿童公园规划设计布置要点。

① 要按照不同年龄儿童使用比例划分用地，并注意用地日照、通风等条件。

② 为创造良好的自然环境，绿化用地面积宜占 50% 左右，绿化覆盖率宜占全园的 70% 以上。

③ 园路网宜简单明确，便于儿童辨别方向，寻找活动场所。路面宜平整，且可推行童车和供儿童骑小三轮车等，在主要园路上不宜设踏步台阶。

④ 幼儿活动区最好靠近大门出入口，以便幼儿行走和童车的推行。

⑤ 儿童公园的建筑小品、雕塑要形象生动，有一定的象征性，并可运用易为儿童接受的民间传说故事、童话寓言主题，供作宣传教育和儿童活动之用。

⑥ 儿童公园的建筑与设施，造型要形象生动，色彩应鲜明丰富，如动画式的小屋、电动海陆空游戏器具、长颈鹿滑梯等。

⑦ 儿童性喜爱水，嬉水池、小游泳池及观赏水景可给儿童公园带来极其生动的景象和活动的内容。同时要考虑全园的排水，特别是活动场地的排水，以提高场地的使用率。

⑧ 各活动场地附近应设置坐椅（凳）、休息亭廊等，供带领陪同儿童来园的成人、老人

使用。

⑨儿童玩具、游戏器具是儿童公园活动的重要内容，必须组合和布置好这些活动场。

（3）儿童公园绿化配置的要点。儿童公园一般都位于城市生活居住区内，为了创造良好自然环境，周围需栽植浓密乔灌木或设置假山以屏障之。公园内各区也应以绿化等适当分隔，尤其是幼儿活动区要保证安全。要注意园内的庇荫，适当种植行道树和庭荫树。在植物选择方面要忌用下列植物。

① 有毒植物。凡花、叶、果等有毒植物均不宜选用，如凌霄、夹竹桃等。

② 有刺植物。易刺伤儿童皮肤和刺破儿童衣服，如构、刺槐、蔷薇等。

③ 有刺激性和有奇臭的植物。会引起儿童的过敏性反应，如漆树等。

④ 易招致病虫害及易结浆果植物。如楝树、柿树等。

三、植物园规划设计

植物园是以植物科学研究为主，以引种驯化、栽培实验为中心，培育和引进国内外优良品种，不断发掘扩大野生植物资源在农业、园艺、林业、医药、环保、园林等方面应用的综合研究机构。同时植物园还担负着向人民普及植物科学知识的任务。在这个植物世界的博物馆里，既可作中小学生植物学的教学基地，也是有关团体参观实习的场所。除此之外还应为广大人民群众提供游览休息的地方。配置的植物要丰富多彩，风景要像公园一样优美。

1. 植物园规划设计分区

（1）科普展览区　科普展览区目的在于把植物世界的客观自然规律以及人类利用植物、改造植物的知识陈列和展览出来，供人们参观学习。主要内容见表2-6。

表2-6　科普展览区

序号	内容	说　明
1	植物进化系统展览区	植物进化系统展览区是按照植物进化系统分目、分科布置，反映出植物由低级到高级的进化过程，使参观者不仅能得到植物进化系统的概念，而且对植物的分类、各科属特征也有个概括了解
2	经济植物展览区	经济植物展览区是展示经过搜集以后认为大有前途，经过栽培试验确属有用的经济植物，才栽入本区展览。为农业、医药、林业以及园林结合生产提供参考资料，并加以推广 一般按照用途分区布置，如药用植物、纤维植物、芳香植物、油料植物、淀粉植物、橡胶植物、含糖植物等，并以绿篱或园路为界
3	抗性植物展览区	抗性植物展览区随着工业高速度的发展，也引起环境污染问题，不仅危害人民的身体健康，就是对农作物、渔业等也有很大的损害。植物能吸收氟化氢、二氧化硫、二氧化氮和溴、氯等有害气体，早已被人们所了解，但是其抗有毒物质的强弱，吸收有毒气体的能力大小，常因树种的不同而不同
4	水生植物区	水生植物区根据植物有水生、湿生、沼泽生等不同特点，喜静水或动水的不同要求，在不同深浅的水体里，或山石涧溪之中，布置成独具一格的水景，既可普及水生植物方面的知识，又可为游人提供良好的休息环境

续表

序号	内容	说　明
5	岩石区	岩石区多设在地形起伏的山坡地上，利用自然裸露岩石造成岩石园，或人工布置山石，配以色彩丰富的岩石植物和高山植物进行展出，并可适量修建一些体形轻巧活泼的休息建筑，构成园内一个风景点。用地面积不大，却能给人留下深刻的印象
6	树木区	树木区是展览本地区和引进国内外一些在当地能够露地生长的主要乔灌木树种。一般占地面积较大，用地的地形、小气候条件、土壤类型厚度都要求丰富些，以适应各种类型植物的生态要求。植物的布置，按地理分布栽植，以了解世界植物分布的大体轮廓。按分类系统布置，便于了解植物的科属特性和进化线索，以何种形式为宜酌情而定
7	专类区	专类区把一些具有一定特色、栽培历史悠久、品种变种丰富、具有广泛用途和很高观赏价值的植物，加以搜集，辟为专区集中栽植，如山茶、杜鹃、月季、玫瑰、牡丹、芍药、荷花、棕榈、槭树等任一种都可形成专类园。也可以由几种植物根据生态习性要求、观赏效果等加以综合配置，能够收到更好的艺术效果
8	温室区	温室是展出不能在本地区露地越冬，必须有温室设备才能正常生长发育的植物。为了适应体形较大的植物生长和游人观赏的需要，温室的高度和宽度，都远远超过一般繁殖温室。体形庞大，外观雄伟，是植物园中的重要建筑

（2）苗圃及试验区　苗圃及试验区，是专供科学研究和结合生产用地，为了避免干扰，减少人为破坏，一般不对群众开放，仅供专业人员参观学习，主要部分如下。

① 温室区。主要用于引种驯化、杂交育种、植物繁殖、贮藏不能越冬的植物以及其他科学实验。

② 苗圃区。植物园的苗圃包括实验苗圃、繁殖苗圃、移植苗圃、原始材料圃等。用途广泛，内容较多。苗圃用地要求地势平坦、土壤深厚、水源充足、排灌方便、地点应靠近实验室、研究室、温室等。用地要集中，还要有一些附属设施如荫棚、种子、球根贮藏室、土壤肥料制作室、工具房等。

（3）职工生活区　植物园多数位于郊区，路途较远，为了方便职工上下班，减少市区交通压力，植物园应修建职工生活区，包括宿舍、饭堂、托儿所、理发室、浴室、锅炉房、综合服务商店、车库等。布置同一般生活区。

2. 植物园规划设计用地选择要点

（1）要有方便的交通，离市区不能太远应使游人易于到达，才有利于科普工作。但是应该远离工厂区，或水源污染区，以免植物遭到污染引起大量死亡。

（2）为了满足植物对不同生态环境、生活因子的要求，园址应该具有较为复杂的地形、地貌和不同的小气候条件。

（3）要有充足的水源，最好具有高低不同的地下水位，既方便灌溉，又能解决引种驯化栽培的需要。对丰富园内景观来说，水体也是不可缺少的因素。

（4）要有不同的土壤条件、不同的土壤结构和不同的酸碱度。同时要求土层深厚，含腐殖质高、排水良好。

（5）园址最好具有丰富的天然植被，供建园时利用，这对加速实现植物园的建设是有利条件。

四、动物园规划设计

1. 动物园规划布局

（1）自然式　利用动物园用地范围内的地形地势，造成各种适应动物自然生活环境的景观，在其中布置各类动物的笼舍是较理想的方式。如杭州动物园中的狮虎山，利用自然地势，展览效果很好。

（2）兽舍式　在用地范围内，以一系列的兽舍建筑组成的动物展览区。自然绿化用地很少。这种形式一般在小城市内，动物数量不多，利用旧有建筑而形成的动物园。如苏州动物园为此类型。

（3）混合式　具有以上两种的特点形成的，如北京动物园。

2. 动物园规划设计用地选择要点

（1）根据城市园林绿地系统规划确定的位置为原则，设置在城市的近郊，并与市区有方便的交通联系。

（2）动物园应设置在城市的下游及下风方向的地段，从卫生角度，动物园园址要与居民区有适当的距离。

（3）动物园要远离垃圾场、屠宰场、动物加工厂、畜牧场、动物埋葬地等。

（4）动物园的游人量比较大，应在园内外设有疏散广场和各种车辆的停车场，留有足够的场地。

（5）由于动物在自然界各有不同的生态环境，园中应仿照自然选择多种地形地势的景观，展览动物，并与良好的植被配合。

（6）动物园用地范围内，应有充足的水源，良好的地基，及便于供电的条件。

3. 动物园规划设计分区布局要点

（1）科普、科研活动区　是全园科普、科研活动中心，主要分布有动物科普馆，一般布置在出入口地段，有足够的活动场地，并有方便的交通联系。

（2）展览区　该区用地面积较大，由各种动物的兽舍及活动场地组成，并给游人留出足够的参观活动的空间。

（3）服务、休息设施　有亭廊、接待室、餐厅、小卖部、服务点等的布置，均匀地分布在全园内，便于游人使用，靠近展览区。

（4）管理区　行政管理、办公室、兽医所、检疫站、饲料站等，可设在单独地区，并与其他区有绿化隔离和隐蔽，但同时要有方便的交通联系。可设专用出入口。

（5）生活区　为了避免干扰和卫生防疫，不宜设在园内，一般设在园外集中的地段上或园中单独的地段，设有专用出入口。

4. 动物园种植设计的要求及动物排列分布方式

排列分布要遵循动物展览的要求，并仿造动物的自然生态环境，对兽舍背景的衬托等，形成各有特色的自然群体。例如熊猫展览区可多植竹丛；长颈鹿产于热带，可多植棕榈、芭蕉等；水族馆可多植垂柳；爬虫馆可多种蔓性植物；狮虎山可多植松树；鸣禽馆种植观果树木，既可作鸟食，又可形成鸟语花香的庭园景色，及富有诗情画意的中国花鸟画面。

对于游人参观，要注意遮阳及观赏视线问题，一般可在安全栏内外种植乔木或搭花架棚。

园中的道路、广场、休息设施都要进行绿化，起衬托、遮阳的作用。在园周围、分区之间均应布置卫生防护林带及隔离绿化带。

五、风景区规划设计

1. 风景区规划设计要点

（1）风景区规划要充分突出自然美，要有鲜明的个性。在风景区中，大自然已经谱写了主体乐章，规划设计的基本任务是做好配乐。我们应善于从大千世界中，从浩瀚的自然景观中，提取出"美景"来，特别是具有个性的奇异景观和自然现象，常常是风景区青春常在的基本要素，风景区规划只不过通过衬托、渲染、组织游览程序等手法，使其特点更加突出，以便引起游人的注意。

（2）要注意旅游环境设计。一般旅游者多带着猎奇的心理，出来寻找和自己原来生活环境不相同的环境空间。来自建筑密集、喧闹繁华城市的旅游者，喜欢幽静、奇特、大体量的自然空间。如林中空地，大片的林海，绿茵茵的草地，落英缤纷的小溪，以及幽谷深涧，奇树怪石，都是一般城市旅游者向往的地方。

（3）功能是风景区规划的重要内容。风景区的功能，主要在游和休两方面。游主要是游览功能；休主要是休息服务功能。特别是休息服务的物质功能方面，如果条件太差，即使是绝佳的风景区，也不可能吸引大量游人。

（4）风景游览和生产的关系。目前我国的风景区，占地面积很大，其中有大量农业人口，主要从事农副业生产。划为风景区后，性质发生变化，农田部分被占用作为旅游基地，林业也不允许继续伐木，这些都直接影响当地农民的收入，这一矛盾处理不好，当地农民不支持，风景区不但难以建成，甚至造成新的破坏。

一般来讲，在全国性重点风景区的主要景区，以及风景资源价值高的风景地段，应以满足风景要求为主，农民的损失由国家给予补贴，并妥善解决当地人民的就业问题。而风景区内的其他地段，以原有的农林业生产为主，可逐步改造为供旅游需要的农副产品基地和食品、手工艺加工工厂等。

2. 风景区规划设计的方法

（1）规划设计内容 规划的内容主要有保护和功能分区规划、景点和导游线规划、食宿和服务设施规划、交通规划、供电规划、给排水规划以及园林规划等。在规划工作进行之前，应作充分的资料准备，主要有地形图（1/25000～1/10000）、土壤、水文、地质、气象、植被、动物资源、文史资料、对外交通、行政区划等有关方面材料。

（2）分区要点

① 游览区。这是风景区的主要组成部分。游览区是风景点比较集中，具有较高的风景价值和特点的地段，是游人主要的活动场所。为了便于游人休息，可布置一些小型的休息和服务性建筑，如亭、廊、台、榭等。游览区又可依其风景特色不同而划分成几个景区。

② 体育活动区。结合游览，在有条件的地段可开展有益于身心健康的体育运动。如大的水面，可开展划船、游泳、垂钓等活动；高山可开展登山、狩猎等活动；如有大面积的草原可开展骑马、摩托车和各种球类活动等。

③ 野营区。在国外，常在风景区中专门开辟一些林中空地、草坪等，供家庭或集体露

营,这种方式特别受到游人欢迎。在野营区中可设置简单的水电接头,供人们随时接用。这里也可建一些小型简便的住宿设施,供人们租用。

④ 旅游村。要求有较好的食宿条件,有完善的商业服务,邮电设施以及在休息时,特别是晚上的文化娱乐场所,以丰富旅游活动内容。

旅游村是集中住宿场所,建筑设施多,为了不影响风景区的自然景观,应将旅游村放在风景区外。同时,旅游村的排污,直接影响风景区,应放在风景区水源的下游地段。旅游村要和浏览区有方便的交通联系。

⑤ 居住管理区。风景区中的工作人员和家属应有相对集中的居住场所,常常和管理机构结合在一起,为了本身的安定,不宜和旅游者混杂,以免相互干扰。

⑥ 农村副食品供应基地。风景区中每年高峰期时有大量游人涌入,需要消耗大量的农副产品,特别是对新鲜果蔬的供应,靠外地运入既不经济,损耗也很大,常常主要依靠本地解决。在风景区规划的初期,就要考虑在高峰期不但可供应必需的新鲜蔬果,还要具有地方特色,形成特产。

六、森林公园规划设计

森林公园就是以森林及其组成要素所构成的各类景观、各种环境、气候为主的,可供人们进行旅游观赏、避暑疗养、科学考察和研究、文化娱乐、美术、体育等活动,对改善人类环境,促进生产、科研、文化、教育、卫生等项事业的发展起着重要作用的大型旅游区和室外空间。

森林公园功能分区有管理区、娱乐区、宿营区三种。

(1) 管理区 管理区主要为旅游者提供各项服务,保护资源,进行物质生产等。管理区的位置选择应从管理的范围和内容考虑。管理区都有一定的服务半径,从而形成中心管理与分区管理。中心管理布置在公园入口比较合理。当公园面积较大而地形又复杂时,应根据人流量的多少,并与旅游接待相结合。管理部分的位置选择应不会对公园生态环境及自然景观造成影响。

(2) 娱乐区 娱乐区可分为两类:人工设置的娱乐内容;以自然资源为对象的娱乐内容。

① 规划中人工设置的娱乐内容,应是在不破坏自然景观和环境基础上进行的。在内容选择上要利用自然界提供的场地和资源。如开展以民俗风情为内容的文化活动、水上活动、马术、高尔夫球、模拟野战军事演习、射击场等游乐设施。但这些设施的体量、色彩及影响环境噪声方面都要慎重而细致地安排,要有一定间隔距离。

② 以自然资源及自然景观为娱乐对象的内容较多。由于与自然景观相结合,不必强调集中布置,如高山攀岩、漂流、探险、爬山、滑雪、钓鱼、游泳、划艇等独特的娱乐项目形成森林旅游的特色。

(3) 宿营区

① 宿营地的选择。主要考虑具有良好的环境和景观的场所。如背风向阳的地形、有开阔的视野、或有良好的森林植被的环境,流水、瀑布等。位置布置宜靠近管理区,以方便交通及上、下水等卫生设施的供应。地形坡度宜在10%以下,超过此坡度人们活动就会感到困难。从森林生态学角度考虑,向阳坡植被较少,且一般土壤条件较差;北坡植被及土壤条件均好,但光照强度小,空气湿度较大,不适合人们宿营。比较之下,南、东、西坡比较适

合营地设置。林地郁闭度在 0.6~0.8 为佳,其林型特征是疏密相间,既便于宿营,又适合开展各类活动。

② 营地的组成。营地的组成包括营盘(地段)、公路、小径、停车场、卫生设备和供水系统。营地内尽可能减少车行道,以免破坏植被及景观。卫生设施要尽可能妥善处理下水、垃圾,以免污染森林环境。营地内还设有方便的上水系统及烧烤、野餐区需要的能源。因此,营地靠近管理区是十分必要的。

③ 营地的道路系统。营地的道路可分为进入的道路和内部小径。进入道路是从主干公路到营地必经之路,是营地的重要组成部分,进入道路主要达到快速通行的目的。内部道路规划原则是单元之间不能互相影响。在可能情况下,营区内部道路应形成单向环路,在环路上设小路通向各营区,环路直径至少在 60m 以上,要有足够的间隔为好。如考虑汽车进入营地,则可以规划几个单元共用的集中式停车场。

④ 营地的布置。营地的布置要考虑方便及私密性。营地内卫生设施是必须首要考虑的。如排水的良好、厕所的数量等。既要考虑游人使用方便,又要从景观及环境两方面考虑。从国外的资料及经验,即在营地设计中每个营盘在 100m 半径内有 1 个厕所,1 个厕所可供 10 个营盘中的男女性使用,营盘和厕所距离不能小于 15m。营地的污水应采取统一排放,同时每一个单元设一垃圾箱,以保证营区的良好卫生条件。

七、道路广场园林规划设计

1. 街道的规划设计

(1) 街道绿地规划设计 街道绿地作为城市设计中重要的一环,直接关系到城市的形象,通过带状或块状的"线"性组合,使城市绿地连为一个整体,成为建筑景观、自然景观及各种人工景观之间的"软"连接。因此,街道绿地越来越被大众所重视,其创作特色的手法、丰富性的内容,给城市景观带来了清新的文化艺术氛围。

① 街道绿地的布置形式(见表 2-7)。

表 2-7 街道绿地的布置形式

序号	布置形式	说明	图示
1	一板二带式	1 条车道,2 条绿带。特点是简单整齐、用地比较经济,管理方便	
2	二板三带式	分成单向行驶 2 条车行道和两条行道树,中间以一条绿带分开。特点是对城市面貌有较好的效果,减少行车事故发生,多用于高速公路	

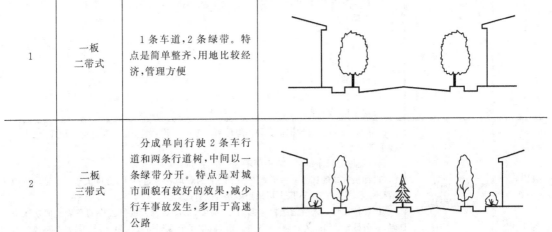

续表

序号	布置形式	说明	图示
3	三板四带式	用两条分隔带把车行道分成3块,中间为机动车道,两侧为非机动车道,行道树共为4条,特点组织交通方便、安全,蔽阴效果好	
4	四板五带式	用3条分隔带将车道分成4条,使各车辆形成上下行、互不干扰	

② 街道绿地规划设计原则。与城市道路的性质、功能相适应。由于交通目的的不同,景观元素也不同,道旁建筑、绿地以及道路自身的设计都必须符合不同道路的特点。

选择主要用路者的行为规律与视觉特性为街头绿地设计的依据,以提高视觉质量。

与其他街景元素协调,即与自然景色、历史文物、沿街建筑等有机结合,与街道上的交通、建筑、附属设施、管理设施和地下管线等配合,把道路与环境作为一个景观整体考虑,形成完善的具有特色和时代感的景观。

考虑城市土壤条件、养护水平等因素,选择适宜的绿地植物,发挥滞尘、遮阴降温、增加空气湿度、隔声减噪和净化空气等生态功能,减少汽车眩光、防风、防雪和防火等灾害,形成稳定优美的景观。

③ 街道种植设计(见表2-8)。

表2-8 街道种植设计

序号	项目	说明
1	行道树的选择	(1)树冠冠幅大,树叶密。 (2)抗性强。 (3)寿命长。 (4)深根性。 (5)病虫害少。 (6)耐修剪。 (7)落果少,无飞絮。 (8)发芽早,落叶晚。
2	种植设计人行道绿地	应留1.5m以上的种植带。种植地形为条形式方形,池边高于人行道地面10～15cm或平于地面。 保证足够的横净距。树木间距不宜过小、过高。 (1)种植方式的选择 一般宽2.5m以上的绿地种一行乔木,宽度大于6m时可种植两行乔木,宽度在10m以上可采用多种方式种植。 (2)种植设计 人行道上树木的间距、高度,不应对行人或行驶中的车辆造成视线障碍,一般株距以5m为宜,乔木为6～8m,以成年树冠郁闭效果为准。如易遮挡视线的常绿树,其株距应为树冠冠幅的4～5倍,定干高度不得小于3.5m,分枝角度小的,不高于2m。为减少噪声与防尘,可采取复式种植

续表

序号	项目	说　明
3	分类	(1)街道小游园 ①设立若干个出入口,便于游人集散。 ②园内设置小游步路,有主次路区别。在人流较大的地方可分设集散广场,以利于组织空间,便于人们活动。 ③适当条件下,设立园林建筑小品,如亭廊、花架、报栏、园灯、水池、喷泉、坐椅等,丰富内容和景观。 ④可考虑安排部分健身活动广场和游乐器械以及小型儿童游戏场。 ⑤以植物种植为主。乔木与灌木;常绿与落叶;树丛、树群、花坛、草坪相结合,有层次有变化。 ⑥局部地段可作地形处理,滨河小游园,应尽量靠近水边,满足人们亲水的心理要求。 (2)步行街　可铺设、装饰性花纹的地面,增加一些街景的趣味。结合灯光照明,装饰性小品、坐椅、凉亭、电话间等。注意种植乔木,保证遮阴功能。 (3)分车带绿地　种植设计中,除了保证分隔、组织交通与保障安全外,还要进行防眩种植和防尘、防噪种植。分车带的种植,要根据不同用路者(快车道、慢车道、人行道)的视觉要求来考虑树种与种植方式,以草皮种植为主,适当种植70cm以下的绿篱、灌木、花卉等。 (4)交叉口与交通岛绿地　交叉口在视距的三角形之内不要布置高0.65～0.7m的植物,以免遮挡视线。交通岛以提高通行能力为目的,因此不能布置供休息用的小游园或过于华丽的花坛。通常以嵌花草皮花坛或低矮常绿灌木组成简单的图案花坛,忌影响视线

(2) 林荫道的规划设计　林荫道是指与道路平行并具有一定宽度的带状绿地,也可称为是带状的街头休息绿地。林荫道利用植物与车行道隔开,在其内部不同地段辟出各种不同的休息场地,并有简单的园林设施,供行人和附近居民作短时间休息之用。林荫道规划设计要求如下。

① 必须设置游步路。可据具体情况而定,但至少林荫道宽8m时有1条游步路;在8m以上时,设2条以上为宜。

② 车行道与林荫道绿带之间,要有浓密的绿篱和高大的乔木组成绿色屏障相隔,一般立面上布置成外高内低的形式。

③ 林荫道中除布置游步小路外,还可考虑小型的儿童游戏场、休息坐椅、花坛、喷泉、阅报栏、花架等建筑小品。

④ 林荫道可在长75～100m处分段设立出入口,各段布置应具有特色。但在特殊情况下,如大型建筑的入口处,也可设出入口。同时在林荫道的两端出入口处,可使游步路加宽或设小广场。但分段不宜过多,否则影响内部的安静。

⑤ 林荫道设计中的植物配置,要以丰富多彩的植物取胜。道路广场面积不宜超过25%,乔木应占地面积30%～40%,灌木占地面积20%～25%,草坪占10%～20%,花卉占2%～5%。南方天气炎热,需要更多的蔽阴,故常绿树的占地面积可大些;在北方,则以落叶树占地面积较大为宜。

⑥ 林荫道的宽度在8m以上时,可考虑采取自然式布置;8m以下时,多按规划式布置。

(3) 滨河道的规划设计

① 滨河道的绿化一般在临近水面设置游步路,最好能尽量接近水边,因为行人是习惯

于靠近水边行走，故游步路的边缘要设置护栏。

② 如有风景点可观时，可适当设计成小广场或凸出水面的平台，以便供游人远眺和摄影。

③ 滨河林荫道一般可考虑树木种植成行，岸边有栏杆，并放置坐椅，供游人休息。如林荫道较宽时，可布置得自然些，有草坪、花坛、树丛等，并有简单园林小品、雕塑、坐椅、园灯等。

④ 滨河林荫道的规划形式，取决于自然地形的影响。地势如有起伏，河岸线曲折及结合功能要求，可采取自然式布置。如地势平坦，岸线整齐，与车道平行者，可布置成规则式。

⑤ 可根据滨河路地势高低设成平台1~2层，以踏步联系，可使游人接近水面，使之有亲切感。

⑥ 如果滨河水面开阔、能划船和游泳时，可考虑以游园或公园的形式，容纳更多的游人活动。

2. 公路、铁路及高速干道绿化规划设计

（1）公路绿化的规划设计

① 公路绿化是根据公路的等级、路面的宽度来决定绿化带的宽度及树木的种植位置。

路面在9m或9m以下时，公路植树不宜种在路肩上，要种在边沟以外，距外缘0.5m处为宜（见图2-6）。

图2-6　公路路宽9m或9m以下绿化示意图

在路面在9m以上时，可种在路肩上，距边沟内缘不小于0.5m处为宜，以免树木生长，地下部分破坏路基（见图2-7）。

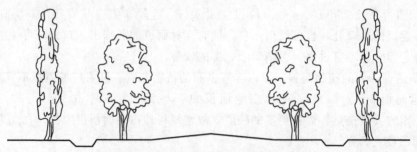

图2-7　公路路宽9m以上绿化示意图

② 公路交叉口处应留出足够的视距，在遇到桥梁、涵洞等构筑物，则5m以内不得种树。

③ 如公路线很长，则可在 2～3km 距离处换一树种。这样可使公路绿化不过于单调，增加公路上的景色变化，也保证行车安全，同时也可防止病虫害蔓延。

④ 公路绿化应尽可能与农田防护林、护渠护堤林和郊区的卫生防护林相结合，做到一林多用，少占耕地。

(2) 铁路绿化的规划设计（见表 2-9）

表 2-9　铁路绿化的规划设计

序号	项目	说　明
1	铁路两侧绿化的规划设计	(1) 在铁路两侧种植乔木时，要离开铁路外轨不少于 10m；种植灌木要离开铁路轨道 6m。 (2) 在铁路的边坡上不能种乔木，可采用草本或矮灌木护坡，防止水土冲刷，以保证行车安全。 (3) 铁路通过市区或居住区时，在可能条件下应留出较宽的地带种植乔灌木防护带，以在 50m 以上为宜，以减少噪声对居民的干扰。 (4) 公路与铁路平交时，应留出 50m 的安全视距。距公路中心 400m 以内，不可种植遮挡视线的乔灌木。 (5) 铁路转弯处内径在 150m 以内，不得种乔木，可种草坪和矮小灌木。 (6) 在机车信号灯处 1200m 之内，不得种乔木，可种小灌木及草本花卉
2	火车站及候车室绿化的规划设计	火车站是进入一个城市的门户，在站台及广场上应体现一个城市的特点。在不妨碍交通、运输、人流集散的情况下，可以考虑布置花坛、水池和遮阴树，以供旅客暂时休息之用

(3) 高速公路与城市快速路绿地。通过绿地连续性种植或树木高度位置的变化来预示或预告道路线性的变化，引导司机安全操作。根据树木的间距、高度与司机视线高度、前大灯照射角度的关系种植，使道路亮度逐渐变化，并防止眩光。种植宽、厚的低矮树丛作缓冲种植，以免车体和驾驶员受到大的损伤，并防止行人穿越。

(4) 立体交叉的绿地。立体交叉的绿地要服从交通功能，保证司机有足够的安全视距。出入口有作为指示性的种植，转弯处种植成行的乔木，以指引行车方向，使司机有安全感。在匝道和主次干道汇合的顺行交叉处，不易种植遮挡视线的树木。立体交叉中的大片绿地即绿岛，不允许种植过高的绿篱和大量的乔木，以草坪为主，点缀常绿树和花灌木，适当种植宿根花卉。

3. 广场的规划设计

(1) 广场的选址　广场应该选在城市的中心地段，最好与城市中重要的历史建筑或公共建筑相结合，通过环境的整体性来体现广场的主题和氛围。例如广西南宁市朝阳广场，处于城市中心，周围有许多大商场和公共建筑。此地原本是个小公园，这个地区每天都有大量的本市居民和外来人口来此活动。为了适应形势的要求，市政部门拆除了公园的围墙，疏伐一些树木，在林下开辟了许多铺装场地，增添了坐凳和休息设施，尽管没有大喷泉、大雕塑，看上去普普通通，却收到了很好的社会效益。

(2) 广场主题的确定　不是所有的广场都需要有明确的主题。从类型看，纪念性广场、城市中心广场主题性比较强，而一般的文化休闲广场、商业广场则是以活动和使用为主。

另外,通过培养一些有意义的、持久性的活动,可以体现广场的特色,如北京西单文化广场的音乐会和文化艺术表演等。

(3)广场规划设计要点 (见表 2-10)

表 2-10 广场规划设计要点

序号	要点	说明
1	注意空间划分	现在的广场一般都比较大,需要划分成不同的领域,以适应不同年龄、不同兴趣、不同文化层次的人们开展多种活动的需要。广场空间应以"块状空间"为主,"线状空间"不适合活动的开展。如原西单文化广场线状空间过多,影响活动,现在已进行了改动,效果较好
2	充分利用边缘效应	实践表明广场四周的边界是公共活动的密集区和环境依托点,如广西北海北部湾广场,在广场的边缘布置了林荫广场、集会广场、下沉式文化广场以及展览馆,中间是主广场和草坪区,该广场无论在景观上还是使用上都取得了令人满意的效果
3	适当增加构筑物	有关研究表明,人们在广场中用于进出和行走的时间只占 20% 左右,而用于各种逗留和活动的时间约占 80%。人的逗留和活动行为总是选择那些有所依靠的地方,人们宁愿挤坐在台阶和水池壁上,也不愿意坐在没有依靠的空地上,所以广场不能过于空荡,要有一定的构筑物,如柱子、廊架、台阶、林荫树、花地、栏杆等。现在许多广场以草坪为主,一马平川,很不合理
4	绿化	广场绿化从功能上讲,主要是提供在林荫下的休息环境,它可以调节视觉、点缀色彩,所以可以多考虑铺装结合树池以及花坛、花钵等形式,其中花坛、花钵最好结合座位。大树特别是古树名木应作为重要的构成元素,融进广场的整体设计之中。如北海的北部湾广场,三棵大榕树不仅界定了广场的一条边,而且构成了视觉焦点,同时在巨大的树荫下,还形成了相对安静的小空间。广场绿化要和广场的其他要素作为一个整体统一协调
5	注意交通组织	过去的广场与街道是一个步行系统,而现在机动车道往往将行人与广场分开,所以广场设计一定要解决好进出和停车问题,可以采取立交方式,安全方便是前提,千万不可忽视
6	广场铺装	铺装设计虽应突出醒目、新颖,但首先必须与整体环境相匹配,它的形状、颜色、质地都要与所处的环境协调一致,而不是片面追求材料的档次
7	小品与细部	园凳是广场最基本的设施,应布置在空间亲切宜人,具有良好的视野条件,并且有一定的安全感和防护性的地段。此外,园林小品设计必须提供辅助坐位,如台阶、花池、矮墙等,往往会收到很好的效果。喷泉水景的设计要考虑气候条件,最好能与活动相结合,而不单单是让人看,这也是广场水景的一个特点。但要注意避免广场园林小品化的倾向

第三章

园林建筑施工图

第一节 园林建筑总平面图

一、园林建筑总平面图的内容与作用

园林建筑小品总平面图（以下简称建筑总平面图）是表示新建建筑物总体布置的水平投影图，是用来确定建筑与环境关系的图样，为下一步的设计和施工提供依据。因此图样中要表示出建筑的位置、朝向以及室外场地、道路、地形地貌和绿化情况等。

二、园林建筑总平面图表现手法

1. 抽象轮廓形

抽象轮廓法适用于小比例总体规划图，主要是将建筑按照比例缩小后，绘制出其轮廓，或者以统一的抽象符号表现出建筑的位置，其优点在于能够很清晰地反映出建筑的布局及其相互之间的关系。常用于导游示意图。

2. 涂实法

涂实法表现建筑主要是将规划用地中的建筑物涂黑，涂实法的特点是能够清晰地反映出建筑的形状、所在位置以及建筑物之间的相对位置关系，并可用来分析建筑空间的组织情况。但对个体建筑的结构反映得不清楚。适用于功能分析图。

3. 平顶法

平顶法表现建筑的特点在于能够清楚地表现出建筑的屋顶形式以及坡向等，而且具有较强的装饰效果，特别适合表现古建筑较多的建筑总平面图。常用于总平面图。

4. 剖平法

剖平法比较适合于表现个体建筑，它不仅能表现出建筑的形状、位置、周围环境；还能表现出建筑内部的简单结构。常用于建筑单体设计。

三、园林建筑总平面图绘制方法与要求

（1）选择合适的比例　建筑总平面图要求表明拟建建筑与周围环境的关系，所以涉及的区域一般都比较大，因此，常选用较小的比例绘制，如1：500、1：1000等。

（2）绘制图例　建筑总平面图是用建筑总平面图例表达，其内容包括地形现状建筑物和构筑物，道路和绿化等，并按其所在位置画出它们的水平投影图，常用的总平面图图例见表3-1。

表 3-1　总平面图图例

序号	名称	图例	备注
1	新建建筑物	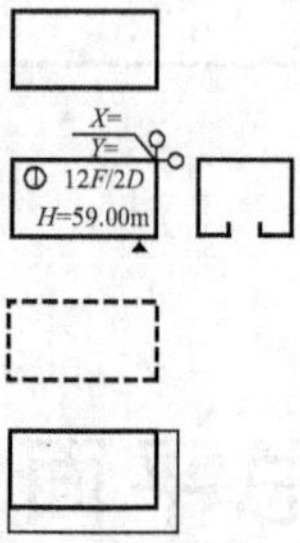	新建建筑物以粗实线表示与室外地坪相接处±0.00外墙定位轮廓线。建筑物一般以±0.00高度处的外墙定位轴线交叉点坐标定位。轴线用细实线表示，并标明轴线号 根据不同设计阶段标注建筑编号，地上、地下层数，建筑高度，建筑出入口位置(两种表示方法均可，但同一图纸采用一种表示方法) 地下建筑物以粗虚线表示其轮廓 建筑上部(±0.00以上)外挑建筑用细实线表示建筑物上部连廊用细虚线表示并标注位置
2	原有建筑物	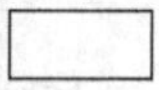	用细实线表示
3	计划扩建的预留地或建筑物		用中粗虚线表示
4	拆除的建筑物	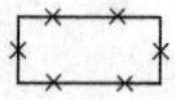	用细实线表示
5	建筑物下面的通道	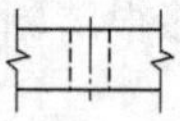	
6	散状材料露天堆场	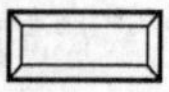	需要时可注明材料名称
7	其他材料露天堆场或露天作业场	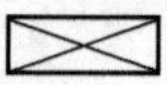	需要时可注明材料名称
8	铺砌场地	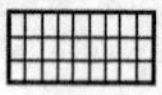	
9	敞棚或敞廊	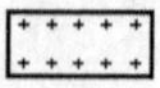	
10	高架式料仓	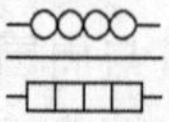	
11	漏斗式贮仓	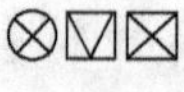	左、右图为底卸式中图为侧卸式
12	冷却塔(池)	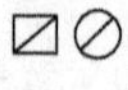	应注明冷却塔或冷却池

续表

序号	名称	图例	备注
13	水塔、贮罐	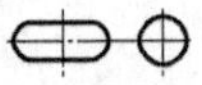	左图为卧式贮罐 右图为水塔或立式贮罐
14	水池、坑槽		也可以不涂黑
15	明溜矿槽(井)		
16	斜井或平硐	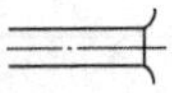	
17	烟囱		实线为烟囱下部直径,虚线为基础,必要时可注写烟囱高度和上、下口直径
18	围墙及大门	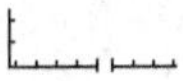	挡土墙根据不同设计阶段的需要标注墙顶标高与墙底标高
19	挡土墙	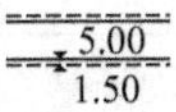 $\frac{5.00}{1.50}$	
20	挡土墙上围墙		
21	台阶及无障碍坡道	1. 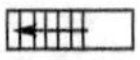 2. 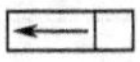	1. 表示台阶(级数仅为示意) 2. 表示无障碍坡道
22	露天桥式起重机	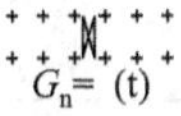 $G_n=$ (t)	起重机起重量 G_n,以 t 计算,"+"为柱子位置
23	露天电动葫芦	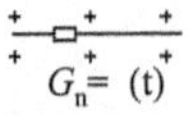 $G_n=$ (t)	起重机起重量 G_n,以 t 计算,"+"为支架位置
24	门式起重机	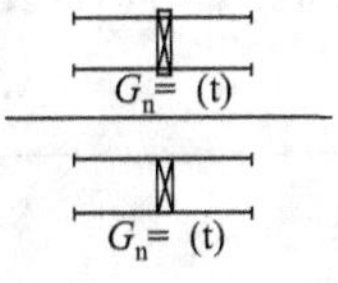 $G_n=$ (t) $G_n=$ (t)	起重机起重量 G_n,以 t 计算 上图表示有外伸臂 下图表示无外伸臂
25	架空索道		"I"为支架位置

续表

序号	名称	图例	备注
26	斜坡卷扬机道		
27	斜坡栈桥（皮带廊等）	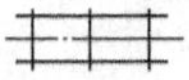	细实线表示支架中心线位置
28	坐标	1. $X=105.00$ $Y=425.00$ 2. $A=105.00$ $B=425.00$	1. 表示地形测量坐标系 2. 表示自设坐标系 坐标数字平行于建筑标注
29	方格网交叉点标高	$-0.50\|77.85$ $\quad\quad\|78.35$	"78.35"为原地面标高 "77.85"为设计标高 "-0.50"为施工高度 "-"表示挖方（"+"表示填方）
30	填方区、挖方区、未整平区及零线	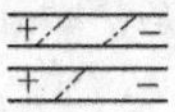	"+"表示填方区 "-"表示挖方区 中间为未整平区 点划线为零点线
31	填挖边坡		
32	分水脊线与谷线		上图表示脊线 下图表示谷线
33	洪水淹没线洪		洪水最高水位以文字标注
34	地表排水方向		
35	截水沟		"1"表示1‰的沟底纵向坡度，"40.00"表示变坡点间距离，箭头表示水流方向
36	排水明沟	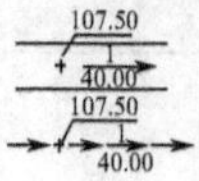 $\dfrac{107.50}{40.00}$ $\dfrac{107.50}{40.00}$	上图用于比例较大的图面 下图用于比例较小的图面 "1"表示1‰的沟底纵向坡度，"40.00"表示变坡点间距离，箭头表示水流方向 "107.50"表示沟底变坡点标高（变坡点以"+"表示）

续表

序号	名称	图例	备注
37	有盖板的排水沟	⟶40.00⟶ / ⟶40.00⟶	
38	雨水口	1. ■ 2. ■□ 3. □■□	1. 雨水口 2. 原有雨水口 3. 双落式雨水口
39	消火栓井	─⊙─	
40	急流槽	→▨▨▨	箭头表示水流方向
41	跌水	→━	
42	拦水（闸）坝	▥▥▥▥	
43	透水路堤	▨▨▨	边坡较长时,可在一端或两端局部表示
44	过水路面	⎍	
45	室内地坪标高	▽151.00 (±0.00)	数字平行于建筑物书写
46	室外地坪标高	▼143.00	室外标高也可采用等高线
47	盲道	▥▥▥	
48	地下车库入口	⊠	机动车停车场
49	地面露天停车场	⼍⼁⼁⼁⼁	—
50	露天机械停车场	⊠	露天机械停车场

（3）进行建筑定位。用尺寸标注或坐标网进行拟建建筑的定位。用尺寸标注的形式应标明与其相邻的原有建筑或道路中心线的距离。如图中无原有建筑或道路作参照物，可用坐标网绘出坐标网格，进行建筑定位。

（4）标注标高。建筑总平面图应标注建筑首层地面的标高、室外地坪及道路的标高及地形等高线的高程数字，单位均为 m。

（5）绘制指北针、风玫瑰图、图例等。

（6）注写比例、图名、标题栏。

（7）编写设计说明。

四、园林建筑总平面图的阅读

（1）首先看图标、图名、图例及有关文字说明，对工程图作概括了解。

（2）了解工程性质、用地范围、地形地貌和周围情况。

（3）根据标注的标高和等高线，了解地形高低、雨水排除方向。

（4）根据坐标（标注的坐标或坐标网格）了解拟建建筑物、构筑物、道路、管线和绿化区域等的位置。

（5）根据指北针和风向频率玫瑰图，了解建筑物的朝向及当地常年风向频率和风速。

第二节　园林建筑平面图

一、园林建筑平面图的内容与作用

建筑平面图是假想用一水平剖切平面沿门窗洞的位置将房屋剖切后，将剖切平面以下部分向水平面投影得到的水平剖面图，简称平面图。建筑平面图除应表明建筑物的平面形状及位置外，还应标注必要的尺寸、标高及有关说明。如图 3-1 所示为建筑平面图。

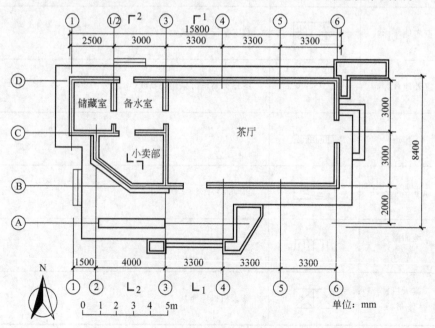

图 3-1　建筑平面图

二、园林建筑平面图绘制方法及要求

（1）标明图名（含楼层）、比例如指北针　在绘制建筑平面图之前，首先要根据建筑物形体的大小选择合适的绘制比例，通常可选比例为 1∶50、1∶100、1∶200。

（2）线型要求　在建筑平面图中，凡是被剖切到的主要构造（墙、柱等）断面轮廓线均用粗实线绘制，墙柱轮廓都不包括粉刷层厚度，粉刷层在 1∶100 的平面图中不必画出。在 1∶50 或更大比例的平面图中用粗实线画出粉刷层厚度。

被剖切到的次要构造的轮廓线及未被剖切的轮廓线用中粗实线绘制。尺寸线、图例线、索引符号等用细实线绘制。

（3）门窗的画法及编号　门窗的平面图画法应按建筑平面图图例绘制。其中用 45°中粗线表示门的开启方向，用两条平行细实线表示窗框及窗扇的位置。门的名称代号是 M，窗的代号是 C，编号如 M-1、C-1 等。

（4）注明定位轴线及编号　定位轴线是用来确定建筑物基础、墙、柱等承重构件的位置的基准线。定位轴线用细点画线或细实线绘制，其编号写在轴线端部的圆内，圆心在定位轴线的延长线上，圆用细实线绘制，直径为 8mm。横轴线的编号用阿拉伯数字从左至右编写，纵轴线的编号用英文字母从下至上编写，但 I、O、Z 三个字母不能用。如果需要在定位轴线之间添加非承重构件的轴线，编号以分数表示，此轴线称为附加轴线或分轴线，分母表示前一轴线的编号，分子表示附加轴线的编号，如附加轴线在 1 轴或 A 轴后面，需在 1 或 A 的前面加"0"。如图 3-2 所示。

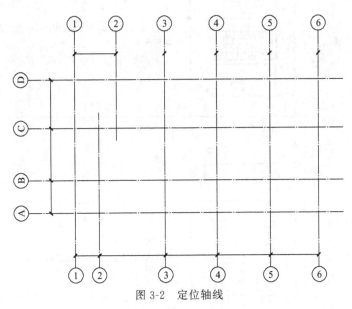

图 3-2　定位轴线

（5）尺寸标注　建筑平面图尺寸标注按照三道尺寸线进行标注。此外，还须注出某些局部尺寸及室内外标高。

（6）注明索引符号和剖切符号　绘制其他构件，如墙体、门窗、楼梯等，如需要绘制详图，应该在对应位置采用索引符号进行标注。

当需要绘制剖切详图时，应在平面图上标出剖切位置和剖视方向，剖切符号一般在首层平面图中表示。

由于平面图一般采用1∶100、1∶200和1∶50的比例绘制，所以门、窗和设备等均采用"国标"规定的图例表示，因此必须熟记建筑图例，常用建筑图例见表3-2。

表 3-2 建筑构造及配件图例

序号	名称	图例	备注
1	墙体	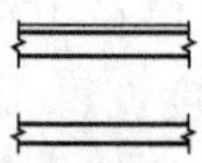	1. 上图为外墙，下图为内墙 2. 外墙粗线表示有保温层或有幕墙 3. 应加注文字或涂色或图案填充表示各种材料的墙体 4. 在各层平面图中防火墙宜着重以特殊图案填充表示
2	隔断		1. 加注文字或涂色或图案填充表示各种材料的轻质隔断 2. 适用于到顶与不到顶隔断
3	玻璃幕墙		幕墙龙骨是否表示由项目设计决定
4	栏杆	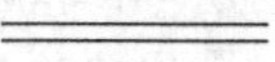	—
5	楼梯	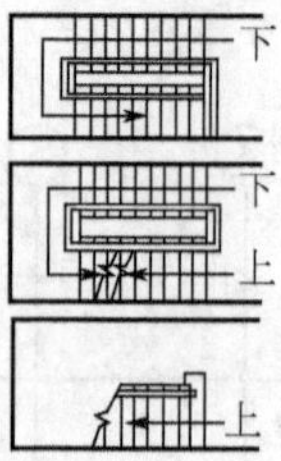	1. 上图为顶层楼梯平面，中图为中间层楼梯平面，下图为底层楼梯平面 2. 需设置幕墙扶手或中间扶手时，应在图中表示
6	坡道	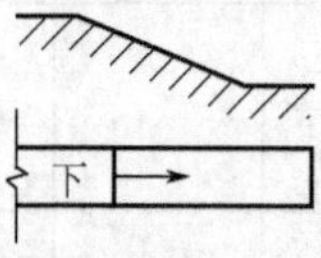	长坡道
		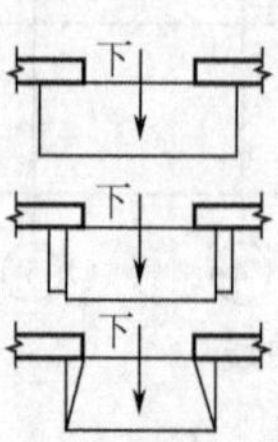	上图为两侧垂直的门口坡道，中图为有挡墙的门口坡道，下图为两侧找坡的门口坡道
7	台阶	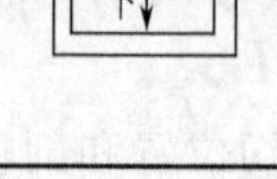	—

续表

序号	名称	图例	备注
8	平面高差	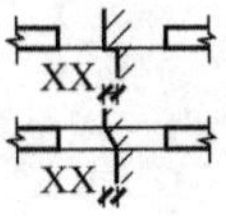	用于高差小的地面或楼面交接处,并应与门的开启方向协调
9	检查口		左图为可见检查口,右图为不可见检查口
10	孔洞		阴影部分亦可填充灰度或涂色代替
11	坑槽		
12	墙预留洞、槽	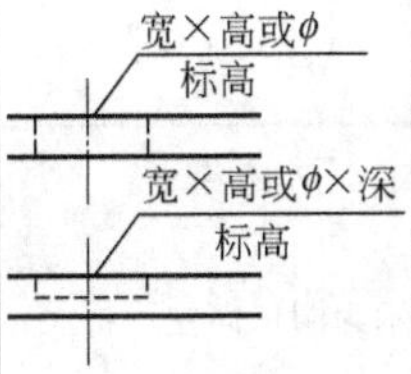	1. 上图为预留洞,下图为预留槽 2. 平面以洞(槽)中心定位 3. 标高以洞(槽)底或中心定位 4. 宜以涂色区别墙体和预留洞(槽)
13	地沟	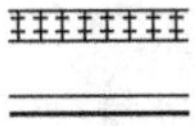	上图为有盖板地沟,下图为无盖板明沟
14	烟道	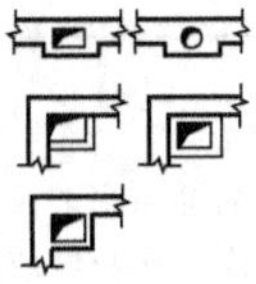	1. 阴影部分亦可填充灰度或涂色代替 2. 烟道、风道与墙体为相同材料,其相接处墙身线应连通 3. 烟道、风道根据需要增加不同材料的内衬
15	风道	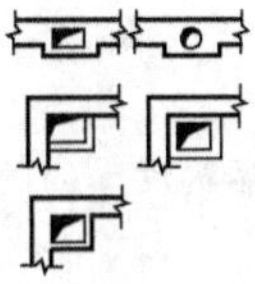	

续表

序号	名称	图例	备注
16	新建的墙和窗	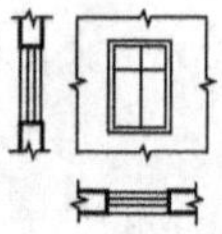	—
17	改建时保留的墙和窗	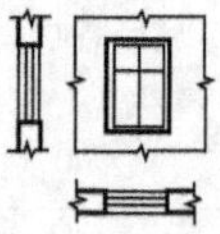	只更换窗,应加粗窗的轮廓线
18	拆除的墙	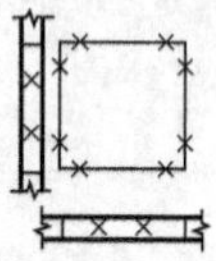	—
19	改建时在原有墙或楼板新开的洞	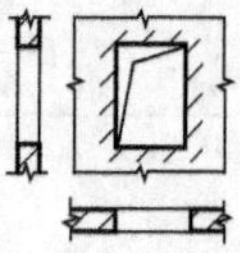	—
20	在原有墙或楼板洞旁扩大的洞	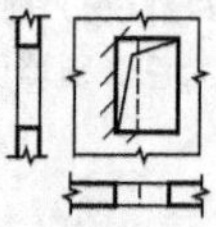	图示为洞口向左边扩大
21	在原有墙或楼板上全部填塞的洞	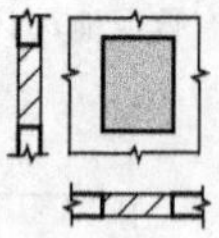	全部填塞的洞 图中立面填充灰度或涂色
22	在原有墙或楼板上局部填塞的洞	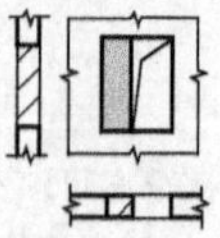	左侧为局部填塞的洞 图中立面填充灰度或涂色
23	空门洞	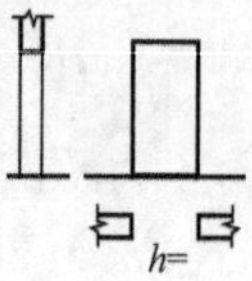	h 为门洞高度

续表

序号	名称	图例	备注
24	单面开启单扇门（包括平开或单面弹簧）	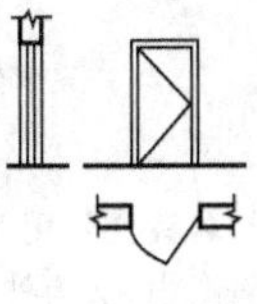	
	双面开启单扇门（包括双面平开或双面弹簧）	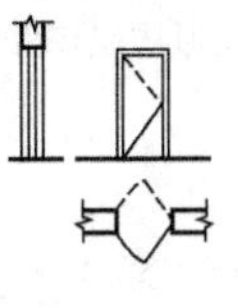	1. 门的名称代号用 M 表示 2. 平面图中,下为外,上为内门开启线为 90°、60°或 45°,开启弧线宜绘出 3. 立面图中,开启线实线为外开,虚线为内开,开启线交角的一侧为安装合页一侧。开启线在建筑立面图中可不表示,在立面大样图中可根据需要绘出 4. 剖面图中,左为外,右为内 5. 附加纱扇应以文字说明,在平、立、剖面图中均不表示 6. 立面形式应按实际情况绘制
	双层单扇平开门	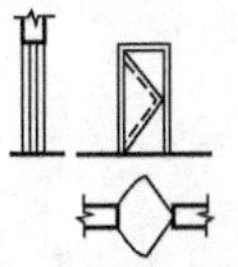	
25	单面开启双扇门（包括平开或单面弹簧）	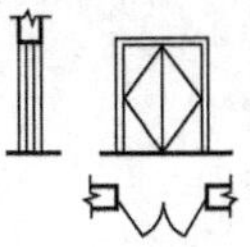	
	双面开启双扇门（包括双面平开或双面弹簧）	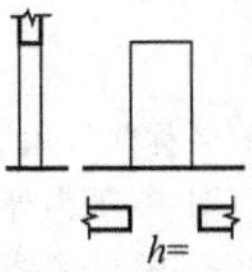	1. 门的名称代号用 M 表示 2. 平面图中,下为外,上为内门开启线为 90°、60°或 45°,开启弧线宜绘出 3. 立面图中,开启线实线为外开,虚线为内开。开启线交角的一侧为安装合页一侧。开启线在建筑立面图中可不表示,在立面大样图中可根据需要绘出 4. 剖面图中,左为外,右为内 5. 附加纱扇应以文字说明,在平、立、剖面图中均不表示 6. 立面形式应按实际情况绘制
	双层双扇平开门	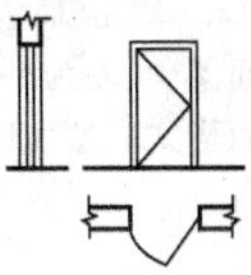	
26	折叠门	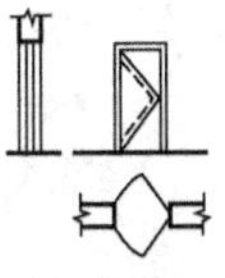	1. 门的名称代号用 M 表示 2. 平面图中,下为外,上为内 3. 立面图中,开启线实线为外开,虚线为内开,开启线交角的一侧为安装合页一侧 4. 剖面图中,左为外,右为内 5. 立面形式应按实际情况绘制
	推拉折叠门	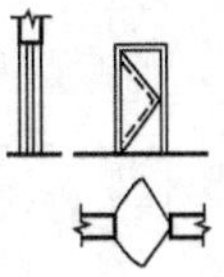	

续表

序号	名称	图例	备注
27	墙洞外单扇推拉门	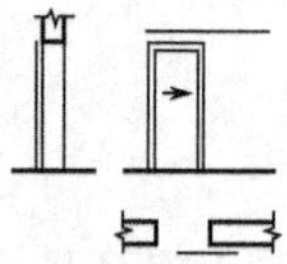	1. 门的名称代号用 M 表示 2. 平面图中,下为外,上为内 3. 剖面图中,左为外,右为内 4. 立面形式应按实际情况绘制
	墙洞外双扇推拉门	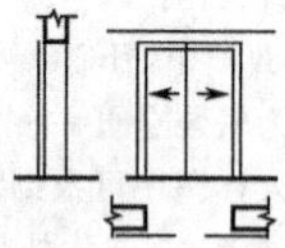	
	墙中单扇推拉门	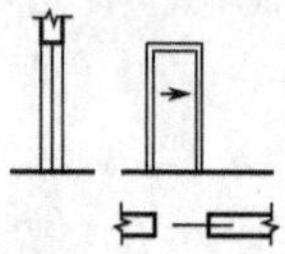	1. 门的名称代号用 M 表示 2. 立面形式应按实际情况绘制
	墙中双扇推拉门	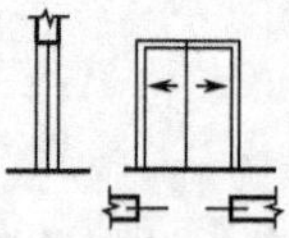	
28	推杠门	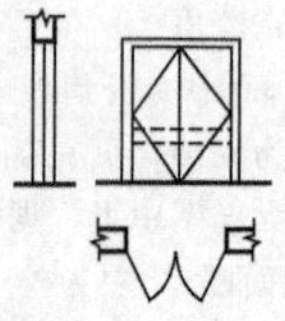	1. 门的名称代号用 M 表示 2. 平面图中,下为外,上为内门开启线为 90°、60°或 45° 3. 立面图中,开启线实线为外开,虚线为内开,开启线交角的一侧为安装合页一侧。开启线在建筑立面图中可不表示,在室内设计门窗立面大样图中需绘出 4. 剖面图中,左为外,右为内 5. 立面形式应按实际情况绘制
29	门连窗	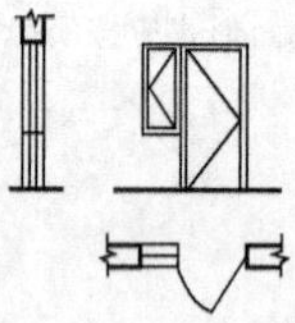	
30	旋转门	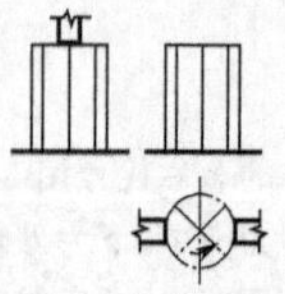	1. 门的名称代号用 M 表示 2. 立面形式应按实际情况绘制
	两翼智能旋转门	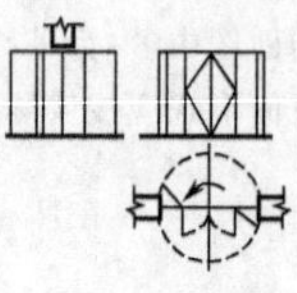	

续表

序号	名称	图例	备注
31	自动门	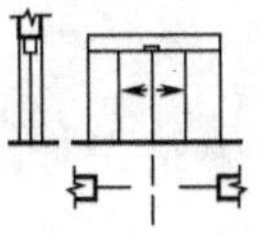	1. 门的名称代号用 M 表示 2. 立面形式应按实际情况绘制
32	折叠上翻门	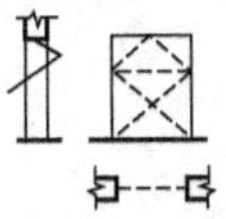	1. 门的名称代号用 M 表示 2. 平面图中，下为外，上为内 3. 剖面图中，左为外，右为内 4. 立面形式应按实际情况绘制
33	提升门	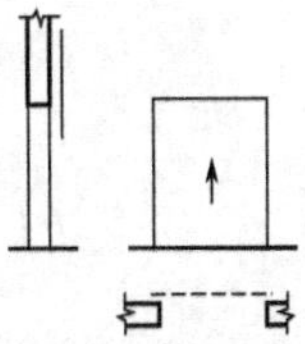	1. 门的名称代号用 M 表示 2. 立面形式应按实际情况绘制
34	分节提升门	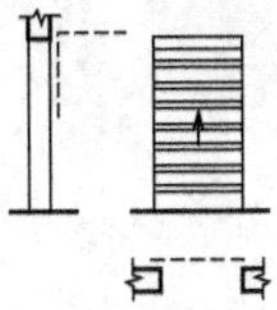	
35	人防单扇防护密闭门	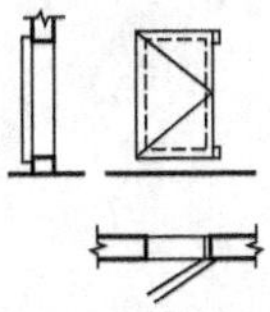	1. 门的名称代号按人防要求表示 2. 立面形式应按实际情况绘制
35	人防单扇密闭门	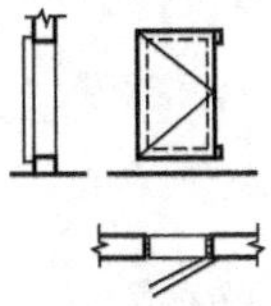	
36	人防双扇防护密闭门	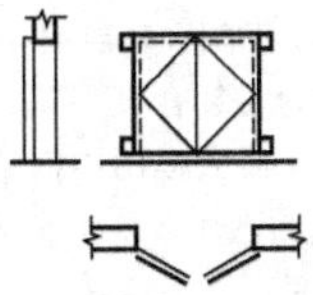	1. 门的名称代号按人防要求表示 2. 立面形式应按实际情况绘制
36	人防双扇密闭门	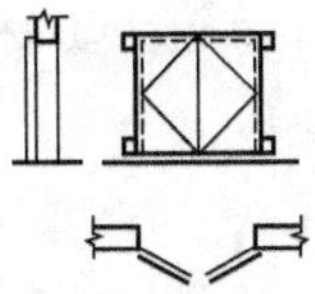	

续表

序号	名称	图例	备注
37	横向卷帘门	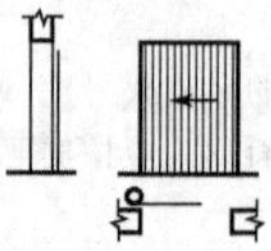	
	竖向卷帘门	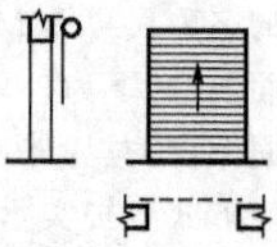	
	单侧双层卷帘门	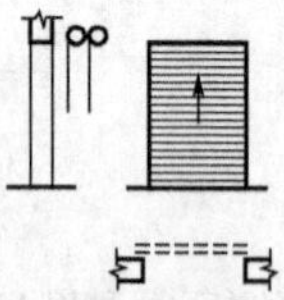	
	双侧单层卷帘门	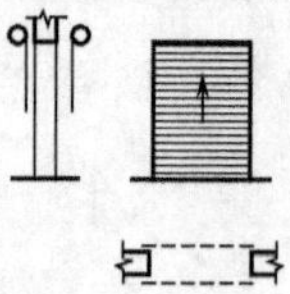	
38	固定窗		
39	上悬窗	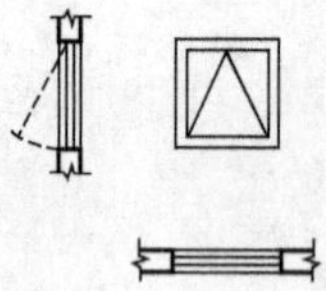	
40	中悬窗	1. 窗的名称代号用 C 表示 2. 平面图中，下为外，上为内 3. 立面图中，开启线实线为外开，虚线为内开，开启线交角的一侧为安装合页一侧。开启线在建筑立面图中可不表示，在门窗立面大样图中需绘出 4. 剖面图中，左为外，右为内，虚线仅表示开启方向，项目设计不表示 5. 附加纱窗应以文字说明，在平、立、剖面图中均不表示 6. 立面形式应按实际情况绘制
	下悬窗	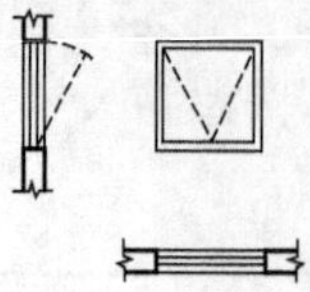	

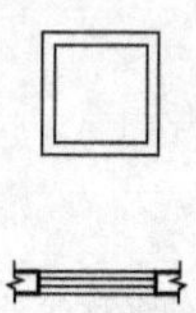

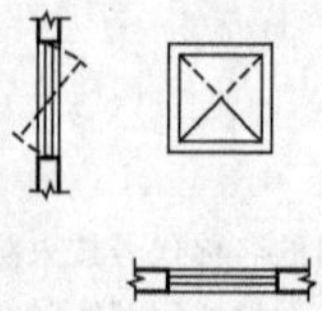

续表

序号	名称	图例	备注
41	立转窗	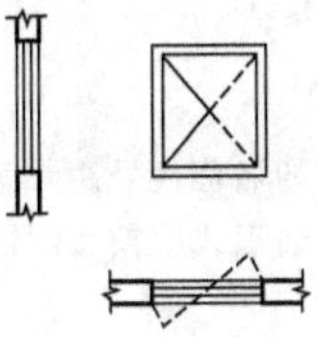	
42	内开平开内倾窗	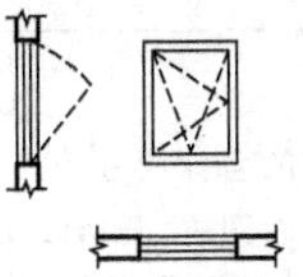	1. 窗的名称代号用 C 表示 2. 平面图中，下为外，上为内 3. 立面图中，开启线实线为外开，虚线为内开。开启线交角的一侧为安装合页一侧。开启线在建筑立面图中可不表示，在门窗立面大样图中需绘出 4. 剖面图中，左为外，右为内，虚线仅表示开启方向，项目设计不表示 5. 附加纱窗应以文字说明，在平、立、剖面图中均不表示 6. 立面形式应按实际情况绘制
43	单层外开平开窗	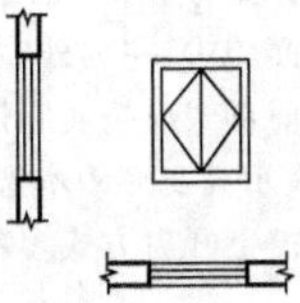	
	单层内开平开窗	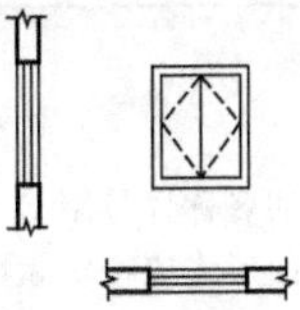	
	双层内外开平开窗	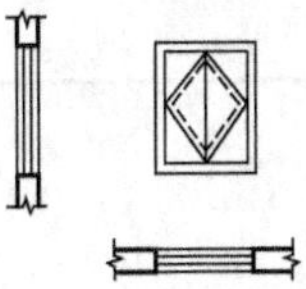	
44	单层推拉窗	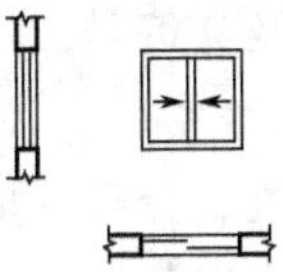	1. 窗的名称代号用 C 表示 2. 立面形式应按实际情况绘制
	双层推拉窗	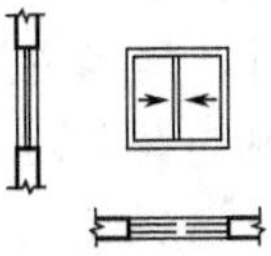	
45	上推窗	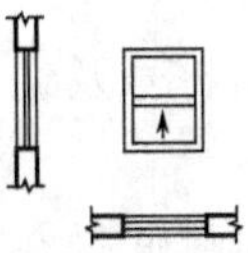	1. 窗的名称代号用 C 表示 2. 立面形式应按实际情况绘制

续表

序号	名称	图例	备注
46	百叶窗	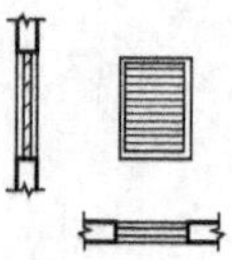	1. 窗的名称代号用C表示 2. 立面形式应按实际情况绘制
47	高窗	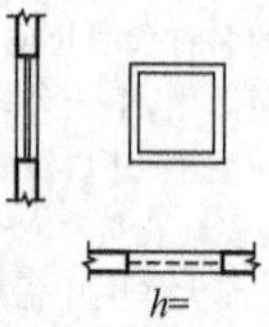	1. 窗的名称代号用C表示 2. 立面图中,开启线实线为外开,虚线为内开。开启线交角的一侧为安装合页一侧。开启线在建筑立面图中可不表示,在门窗立面大样图中需绘出 3. 剖面图中,左为外,右为内 4. 立面形式应按实际情况绘制 5. h 表示高窗底距本层地面高度 6. 高窗上开启方式参考其他窗型
48	平推窗	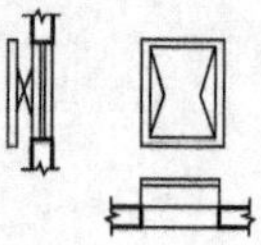	1. 窗的名称代号用C表示 2. 立面形式应按实际情况绘制

三、园林建筑平面图的阅读

读图的一般方法和步骤如下。

（1）了解图名、层次、比例、纵、横定位轴线及其编号。

（2）明确图示图例、符号、线型、尺寸的意义。

（3）了解图示建筑物的平面布置，如房间的布置、分隔，墙、柱的断面形状和大小，楼梯的梯段走向和级数等，门窗布置、型号和数量，房间其他固定设备的布置，在底层平面图中表示的室外台阶、明沟、散水坡、踏步、雨水管等的布置。

（4）了解平面图中的各部分尺寸和标高。通过外、内各道尺寸标注，了解总尺寸、轴线间尺寸，开间、进深、门窗及室内设备的大小尺寸和定位尺寸，并由标注出的标高了解楼、地面的相对标高。

（5）了解建筑物的朝向。

（6）了解建筑物的结构形式及主要建筑材料。

（7）了解剖面图的剖切位置及其编号、详图索引符号及编号。

（8）了解室内装饰的做法、要求和材料。

（9）了解屋面部分的设施和建筑构造的情况，对屋面排水系统应与屋面做法表和墙身剖面的檐口部分对照识读。

第三节　园林建筑立面图

一、园林建筑立面图的内容与作用

建筑立面图是将建筑物的立面向与其平行的投影面作正投影所得的投影图,是以反映建筑的外貌、标高和立面装修做法为主要内容的图样。

建筑物的立面图可以有多个,其中反映主要外貌特征的立面图称为正立面图,其余的立面图相应地称为背立面图、侧立面图。也可按建筑物的朝向命名,如南立面图、北立面图、东立面图及西立面图,也可根据建筑两端的定位轴线编导命名,如图 3-3 所示。

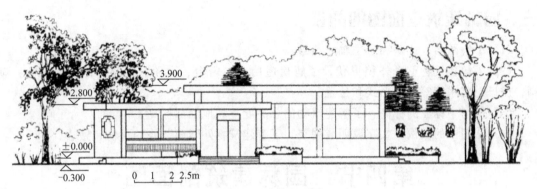

图 3-3　建筑立面图

二、园林建筑立面图绘制方法与要求

园林建筑立面图绘制方法及要求见表 3-3。

表 3-3　绘制方法及要求

序号	项目	说　　明
1	选择比例	在绘制建筑立面图之前,首先要根据建筑物形体的大小选择合适的绘制比例,通常情况下建筑立面图所采用的比例应与平面图相同
2	线型要求	建筑立面图的外轮廓线应用粗实线绘制; 主要部位轮廓线(如门窗洞口中、台阶、花台、阳台、雨篷、檐口等)用中实线绘制; 次要部位的轮廓线(如门窗的分格线、栏杆、装饰脚线、墙面分格线等)用细实线绘制; 地平线用特粗实线绘制
3	尺寸标注	在立面图中应标注外墙各主要部位的标高,如室外地面、台阶、窗台、门窗上口、阳台、檐口、屋顶等处的标高。尺寸标注应标注上述各部位相互之间的尺寸。要求标注排列整齐,力求图面制配清晰
4	绘制配景	为了衬托园林建筑的艺术效果,根据总平面的环境条件,通常在建筑物的两侧和后部绘出一定的配景,如花草、树木、山石等。绘制时可采用概括画法,力求比例协调,层次分明

序号	项目	说　明
5	注写比例、图名及文字说明等	建筑立面图上的文字说明一般可包括：建筑外墙的装饰材料说明，构造做法说明等。

三、园林建筑立面图的阅读

（1）了解图名、比例和定位轴线编号。

（2）了解建筑物整个外貌形状；了解房屋门窗、窗台、台阶、雨篷、阳台、花池、勒脚、檐口、落水管等细部形式和位置。

（3）从图中标注的标高，了解建筑物的总高度及其他细部标高。

（4）从图中的图例、文字说明或列表，了解建筑物外墙面装修的材料和做法。

第四节　园林建筑剖面图

一、园林建筑剖面图的内容与作用

建筑剖面图是假想用一个铅垂剖切平面将建筑物剖切后所得的投影图，是用来表示建筑物沿高度方向的内部结构形式、装修要求与做法以及主要部位标高的图样，用其与平面图、立面图配合作为施工的重要依据。

剖面图的剖切位置应根据建筑物的具体情况和所要表达的内容来选定，建筑剖切位置一般选在建筑内部构造有代表性和空间变化较复杂的部位，同时结合所要表达的内容确定，一般应通过门、窗等有代表性的典型部位。剖面图的名称应与平面图中所标注的剖面位置线编号一致。图 3-4 所示为建筑剖面图。

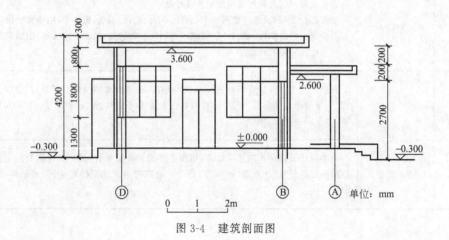

图 3-4　建筑剖面图

二、园林建筑剖面图绘制方法与要求

园林建筑剖面图的绘制方法及要求见表 3-4。

表 3-4 绘制方法及要求

序号	项目	说明
1	选择比例	绘制建筑剖面图时也应根据建筑物形体的大小选择合适的绘制比例,建筑剖面图所选用的比例一般应与平面图及立面图相同
2	绘制定位轴线	在剖面图中凡是被剖切到的承重墙、柱等都要画出定位轴线,并注写与平面图相同的编号
3	剖切符号	为了方便看图,要求必须在平面图中明确地表示出剖切符号,并在剖面图下方标注与其相应的图名
4	线型要求	被剖切到的地面线要求用特粗实线绘制; 其他被剖切到的主要可见轮廓用粗实线绘制(如墙身、楼地面、圈梁、过梁、阳台、雨篷等); 没有被剖切到的主要可见轮廓线的投影用中实线绘制; 其他次要部位的投影等用细实线绘制(如栏杆、门窗分格线、图例线等)
5	尺寸标注	水平方向上剖面图应标注承重墙或柱的定位轴线间的距离尺寸;垂直方向应标注外墙身各部位的分段尺寸(如门窗洞口、勒脚、窗下墙的高度,檐口高度,建筑主体的高度等)
6	标高标注	应标注室内外地面、各层楼面、阳台、檐口、顶棚、门窗、台阶等主要部位的标高
7	注写图名、比例及有关说明等	

三、园林建筑剖面图的阅读

园林建筑剖面图的读图可按下列步骤:

(1) 将图名、定位轴线编号与平面图上部切线及其编号与定位轴线编号相对照,确定剖面图的剖切位置和投影方向。

(2) 从图示建筑物的结构形式和构造内容,了解建筑物的构造和组合,如建筑物各部分的位置、组成、构造、用料及做法等情况。

(3) 从图中标注的标高及尺寸,可了解建筑物的垂直尺寸和标高情况。

第五节 园林建筑详图

一、园林建筑详图的内容与作用

房屋建筑平、立、剖面图都是用较小的比例绘制的,主要表达建筑全局性的内容,但对于房屋细部或构、配件的形状、构造关系等无法表达清楚,因此,在实际工作中,为详细表达建筑节点及建筑构、配件的形状、材料、尺寸及做法，而用较大的比例画出的图形，称为建筑详图或大样图。

建筑详图所采用的比例一般为1∶1、1∶2、1∶5、1∶10、1∶20等。建筑详图的尺寸要齐全、准确，文字说明要清楚明白。

建筑详图包括平面详图、立面详图、剖面详图和断面详图，具体应根据细部结构和构配件的复杂程度选用。对于套用标准图或通用详图的建筑构配件和节点，只要注明所套用较集的名称、型号或页码，不必再绘制详图。

建筑详图所画的节点部分，除了要在平、立、剖面图中有关部位标注索引标志外，还应在所绘制的详图上标注详图符号和写明详图名称，以便对照查阅。

建筑构配件详图，一般只要在所绘制的详图上写明该构件的名称或型号，不必在平、立、剖面图中标注索引符号。

索引符号与详图符号的画法规定及编号方法详见表3-5。

表3-5 索引符号与详图符号的画法规定及编号方法

名称	符号	说明
索引符号	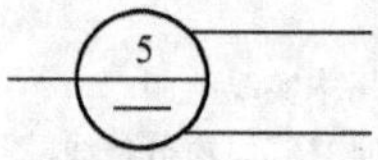 5 — 详图的编号；— 详图在本张图纸上	细实线单圆圈直径应为10mm，详图在本张图纸上
	5 — 局部剖面详图的编号；— 局部详图在本张图纸上	
	5/4 — 详图的编号；详图所在的图纸编号	详图不在本张图纸上
	5/4 — 局部剖面详图的编号；剖面详图所在的图纸编号	
	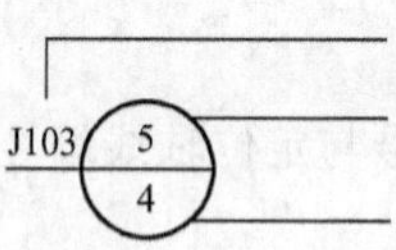 J103 5/4 — 标准图册编号；标准详图编号；详图所在的图纸编号	标准详图
详图符号	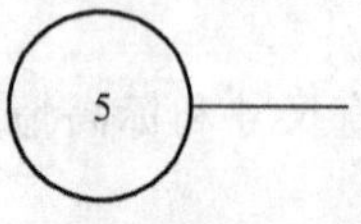 5 — 详图的编号	粗实线单圆圈直径应为14mm，被索引在本张图纸上
	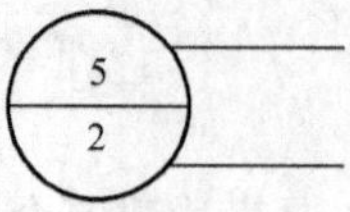 5/2 — 详图的编号；被索引的图纸编号	被索引的不在本张图纸上

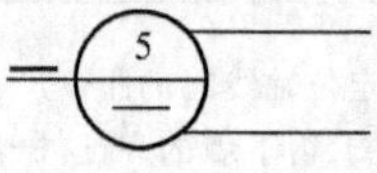

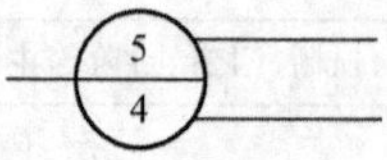

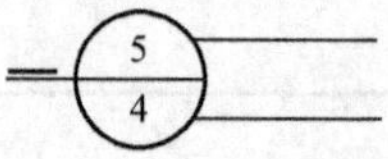

二、楼梯详图

楼梯是由楼梯段、休息平台、栏杆或栏板组成的。楼梯的构造比较复杂，在建筑平面图和建筑剖面图中不能将其表示清楚，所以必须另画详图表示。楼梯详图主要表示楼梯的类型、结构形式、各部位的尺寸及装修做法等。是楼梯施工放样的主要依据。

楼梯的建筑详图包括楼梯平面图、楼梯剖面图以及踏步和栏杆等节点详图。

1. 楼梯平面图

楼梯平面图的水平剖切位置，除顶层在安全栏板（或栏杆）之上外，其余各层均在上行第一跑楼梯中间。各层被剖切到的上行第一跑梯段，在楼梯平面图中画一条与踢面线成30°的折断线（构成梯段的踏步中与楼地面平行的面称为踏面，与楼地面垂直的面称为踢面），各层下行梯段不予剖切。而楼梯间平面图则为房屋各层水平剖切后的直接正投影，类似于建筑平面图，如中间几层楼梯的构造一致，也可只画一个平面图作为标准层楼梯间平面图。故楼梯平面详图常常只画出底层、中间层和顶层三个平面图，如图3-5所示。

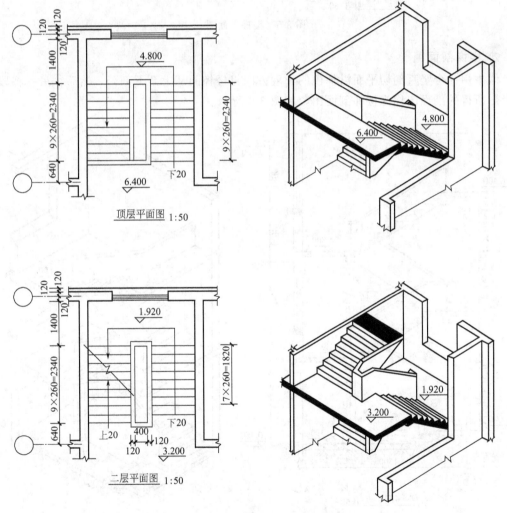

图 3-5

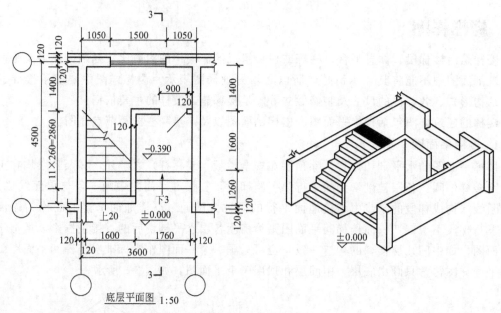

图 3-5　楼梯平面图

2. 楼梯剖面图

假想用一个竖直剖切平面沿梯段的长度方向将楼梯间从上至下剖开，然后往另一梯段方向投影所得的剖面图称为楼梯剖面图，如图 3-6 所示。

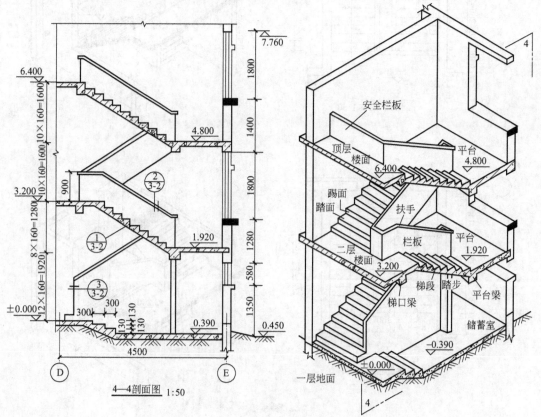

图 3-6　楼梯剖面图

楼梯剖面图能清楚地表明楼梯梯段的结构形式、踏步的踏面宽、踢面高、级数及楼地面、楼梯平台、墙身、栏杆、栏板等的构造做法及其相对位置。

3. 楼梯节点详图

在楼梯详图中，对扶手、栏板（栏杆）、踏步等，一般都采用更大的比例（如1∶10与1∶20）另绘制详图表示，如图3-7所示。

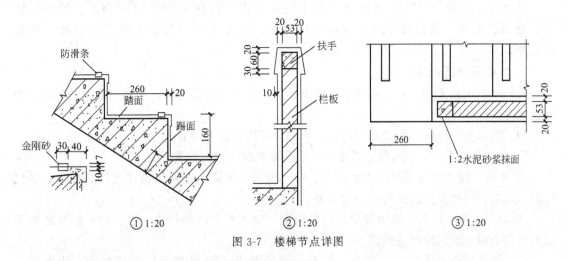

图3-7 楼梯节点详图

踏步详图表明踏步的截面形状、大小、材料及面层的做法。本例踏面宽为260mm，踢面高度为160mm，梯段厚度为100mm。为防行人滑跌，在踏步口设置了30mm的防滑条。

栏板与扶手详图主要表明栏板及扶手的形式、大小、所用材料及其与踏步的连接等情况。本例中栏板为砖砌，上做钢筋混凝土扶手，面层为水泥砂浆抹面。底层端点的详图表明底层起始踏步的处理及栏板与踏步的连接等。

三、外墙身详图

外墙身详图即房屋建筑的外墙身剖面详图，主要用以表达外墙的墙脚、窗台、窗顶以及外墙与室内外地面、外墙与楼面、屋面的连接关系等内容。

外墙身详图可根据底层平面图，外墙身剖切位置线的位置和投影方向来绘制，也可根据房屋剖面图中外墙身上索引符号所指示需要画出详图的节点来绘制。

1. 基本内容

(1) 墙的轴线编号、墙的厚度及其与轴线的关系。有时一个外墙身详图可适用于几个轴线。按"国标"规定；如一个详图适用于几个轴线时，应同时注明各有关轴线的编号。通用详图的定位轴线应只画圆，不注写轴线编号。轴线端部圆圈直径在详图中宜为10mm。

(2) 各层楼板等构件的位置及其与墙身的关系。诸如进墙、靠墙、支承、拉结等情况。

(3) 门窗洞口中、底层窗下墙、窗间墙、檐口中、女儿墙等的高度；室内外地坪、防潮层、门窗洞的上下口、檐口、墙顶及各层楼面、屋面的标高。

(4) 屋面、楼面、地面等为多层次构造。多层次构造用分层说明的方法标注其构造做法，多层次构造的共用引出线应通过被引出的各层。文字说明宜用5号或7号字注写出在横线的上方或横线的端部，说明的顺序由上至下，并应与被说明的层次相互一致。

（5）立面装修和墙身防水、防潮要求，及墙体各部位的线脚、窗台、窗楣、檐口、勒脚、散水等的尺寸、材料和做法，或用引出线说明，或用索引符号引出另画详图表示。

外墙身详图的±0.000或防潮层以下的基础以结施图中的基础图为准。屋面、楼面、地面、散水、勒脚等和内外墙面装修做法、尺寸等与建筑施图中首页的统一构造说明相对应。

2. 外墙身详图阅读

（1）根据剖面图的编号，对照平面图上相应的剖切线及其编号，明确剖面图的剖切位置和投影方向。

（2）根据各节点详图所表示的内容，详细分析读懂以下内容：

① 檐口节点详图，表示屋面承重墙、女儿墙外排水檐口的构造；

② 窗顶、窗台节点详图，表示窗台、窗过梁（或圈梁）的构造及楼板层的做法，各层楼板（或梁）的搁置方向及与墙身的关系；

③ 勒脚、明沟详图，表示房屋外墙的防潮、防水和排水的做法，外（内）墙身的防潮层的位置，以及室内地面的做法。

（3）结合图中有关图例、文字、标高、尺寸及有关材料和做法互相对照，明确图示内容。

（4）明确立面装修的要求，包括砖墙各部位的凹凸线脚、窗口中、挑檐、勒脚、散水等尺寸、材料和做法。

（5）了解墙身的防火、防潮做法，如檐口、墙身、勒脚、散水、地下室的防潮、防水做法。

第六节　园林建筑结构施工图

结构施工图是按照结构设计要求绘制的指导施工的图纸，是表示建筑物各承重构件（基础、承重墙、柱、梁、板、屋架等）的布置、形状、大小、材料、构造及相互连接的图样。结构施工图主要用来作为施工放线、开挖基槽、支模板、绑扎钢筋、设置预埋件、浇捣混凝土和安装梁、板、柱等构件及编制预算与施工组织计划等的依据。

此外，需要注意的是，绘制结构施工图时，必须符合《房屋建筑制图统一标准》(GB/T 50001—2010)、《建筑结构制图标准》(GB/T 50105—2010)以及国家现行有关标准、规范的规定。

一、结构施工图的内容

建筑结构施工图的内容主要包括结构设计说明、结构布置平面图和构件详图三部分，现分述如下。

1. 结构设计说明

主要用于说明结构设计依据、对材料质量及构件的要求，有关地基的概况及施工要求等。

2. 结构布置平面图

结构布置平面图与建筑平面图一样，属于全局性的图纸，通常包括基础平面图、楼层结构平面布置图、屋顶结构平面布置图。

3. 构件详图

构件详图属于局部性的图纸，表示构件的形状、大小，所用材料的强度等级和制作安装等。其主要内容包括基础详图，梁、板、柱等构件详图，楼梯结构详图以及其他构件详图等。

二、钢筋混凝土结构图

钢筋混凝土在建筑工程中是一种应用极为广泛的建筑材料，它由力学性能完全不同的钢筋和混凝土两种材料组合而成。

1. 混凝土（素混凝土）

混凝土是将水泥、石子、砂和水，按一定的比例配合浇筑、捣实，并经养护凝固后坚硬如石的一种建筑材料。混凝土承受压力的强度（称抗压强度）能力很高，但受拉能力差，容易因受拉而断裂。混凝土强度的等级有：C15，C20，C25，C30，C35，C40，C45，C50，C55，C60，C65，C70，C75，C80共14级。如C20表示其抗压强度为$20N/mm^2$。将混凝土灌入定形模板，经浇捣密实和养护凝固就形成混凝土构件。

2. 钢筋混凝土构件

在混凝土受拉区域内配置一定数量的钢筋，使两种材料黏结成一个整体，共同承受外力，这种配有钢筋的混凝土构件，称为钢筋混凝土构件。在钢筋混凝土构件中，混凝土主要承受压力，钢筋主要承受拉力。如图3-8所示，梁在外力作用下弯曲变形，上部受压，下部受拉。在构件的受拉区域内配置一定数量的钢筋，以提高构件的承载能力。钢筋混凝土构件的制作，在工程现场就地浇制的，称现浇钢筋混凝土构件；在工厂（场）预制好运到现场安装的，称为预制钢筋混凝土构件。

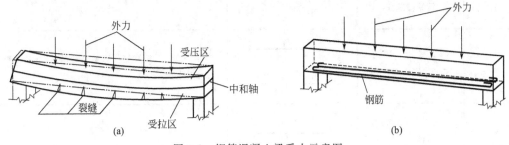

图 3-8　钢筋混凝土梁受力示意图

3. 预应力钢筋混凝土构件

制作构件时，预先给钢筋加一定的拉力，反过来说，即对混凝土预加一定的压应力，以提高构件的强度和抗裂性能（常用于梁、板中），从而减小构件的截面面积，这种构件称为预应力钢筋混凝土构件。

柱、梁、板全部用钢筋混凝土构件承重现浇为一整体的结构物，称为框架结构；建筑物用砖墙承重，屋面、楼层、楼梯用钢筋混凝土板和梁构成的结构，称为混合结构；外围用砖墙承重，屋内用现浇钢筋混凝土板、梁、柱承重的建筑，称为内框架结构。

4. 钢筋

(1) 钢筋的作用及标注方法　配置在钢筋混凝土结构构件中的钢筋，其作用及标注方法如下：

① 受力钢筋。承受构件内拉、压应力的钢筋。其配置根据受力通过计算确定，且应满足构造要求。在梁、柱中的受力筋亦称纵向受力筋，标注时应说明其数量、品种和直径，如 4φ20mm，表示配置 4 根 HPB300 级钢筋，直径为 20mm。

在板中的受力筋，标注时应说明其品种、直径和间距，如 φ(10～100)mm（是相等中心距符号），表示配置 HPB300 级钢筋，直径为 10mm，间距为 100mm。

② 架立筋。一般设置在梁的受压区，与纵向受力钢筋平行，用于固定梁内钢筋的位置，并与受力筋形成钢筋骨架。架立筋是按构造配置的，其标注方法同梁内受力筋。

③ 箍筋。用于承受梁、柱中的剪力、扭矩，固定纵向受力钢筋的位置等。标注箍筋时，应说明箍筋的级别、直径、间距。如 φ(10～100)mm。

④ 分布筋。用于单向板、剪力墙中。单向板中的分布筋与受力筋垂直。其作用是将承受的荷载均匀地传递给受力筋，并固定受力筋的位置以及抵抗热胀冷缩所引起的温度变形。标注方法同板中受力筋。在剪力墙中布置的水平和竖向分布筋，除上述作用外，还可参与承受外荷载，其标注方法同板中受力筋。

⑤ 构造筋。因构造要求及施工安装需要而配置的钢筋，如腰筋、吊筋、拉结筋等。其标注方法同板中受力筋。

(2) 钢筋的表示方法　了解钢筋混凝土构件中钢筋的配置非常重要。在结构图中通常用粗实线表示钢筋。一般钢筋的表示方法应符合表 3-6 的规定，预应力钢筋的表示方法应符合表 3-7 的规定，钢筋网片的表示方法应符合表 3-8 所示，钢筋的焊接接头的表示方法应符合表 3-9，钢筋在结构构件中的画法见表 3-10。

表 3-6　一般钢筋

序号	名称	图例	说明
1	钢筋横断面	●	
2	无弯钩的钢筋端部	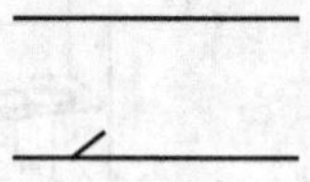	下图表示长、短钢筋投影重叠时，短钢筋的端部用 45°斜划线表示
3	带半圆形弯钩的钢筋端部		—
4	带直钩的钢筋端部		
5	带丝扣的钢筋端部		
6	无弯钩的钢筋搭接		—

续表

序号	名称	图例	说明
7	带半圆弯钩的钢筋搭接		—
8	带直钩的钢筋搭接		—
9	花篮螺钉钢筋接头	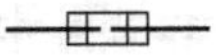	—
10	机械连接的钢筋接头		用文字说明机械连接的方式（如冷挤压或直螺纹等）

表 3-7 预应力钢筋

序号	名称	图例
1	预应力钢筋或钢绞线	
2	后张法预应力钢筋断面 无黏结预应力钢筋断面	⊕
3	预应力钢筋断面	+
4	张拉端锚具	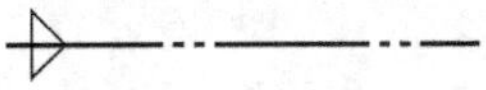
5	固定端锚具	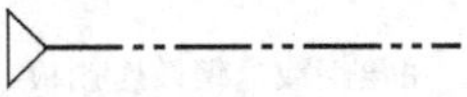
6	锚具的端视图	 ⊕
7	可动连接件	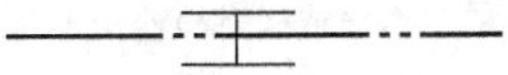
8	固定连接件	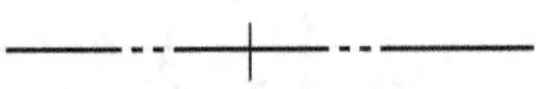

表 3-8 钢筋网片

序号	名称	图例
1	一片钢筋网平面图	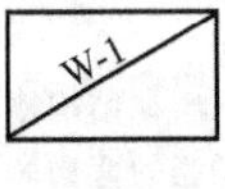 W-1
2	一行相同的钢筋网平面图	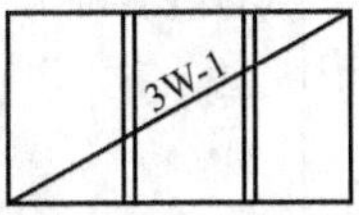 3W-1

表 3-9　钢筋的焊接接头

序号	名称	接头形式	标注方法
1	单面焊接的钢筋接头	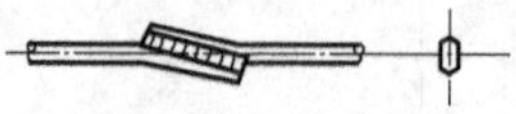	
2	双面焊接的钢筋接头	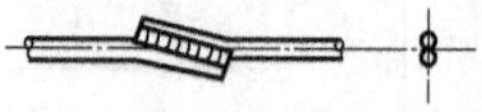	
3	用帮条单面焊接的钢筋接头	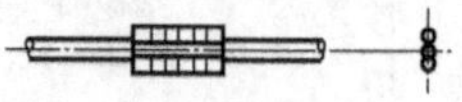	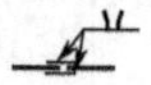
4	用帮条双面焊接的钢筋接头	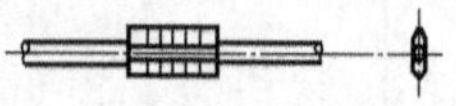	
5	接触对焊的钢筋接头（闪光焊、压力焊）	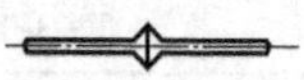	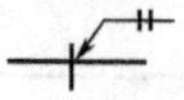
6	坡口平焊的钢筋接头	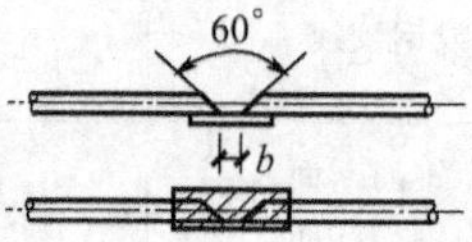	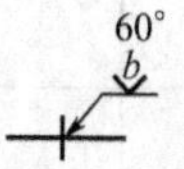
7	坡口立焊的钢筋接头	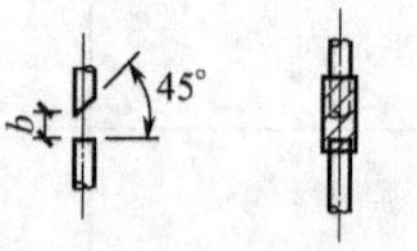	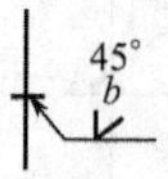
8	用角钢或扁钢做连接板焊接的钢筋接头	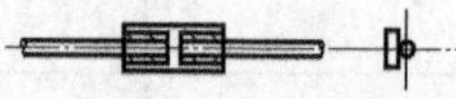	
9	钢筋或螺（锚）栓与钢板穿孔塞焊的接头	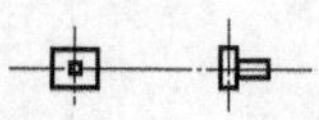	

表 3-10　钢筋的画法

序号	说明	图例
1	在结构楼板中配置双层钢筋时，底层钢筋的弯钩应向上或向左，顶层钢筋的弯钩则向下或向右	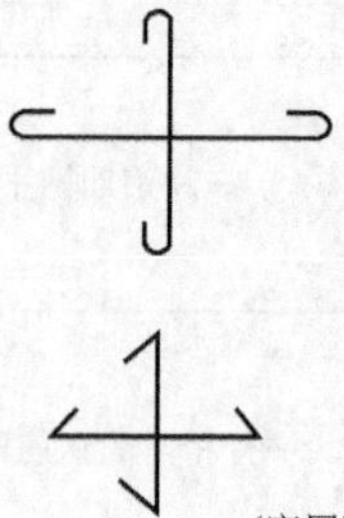 （底层） 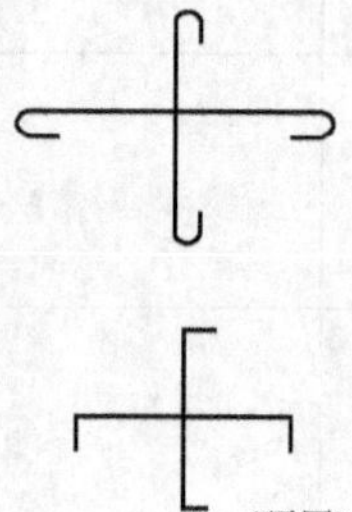　（顶层）

续表

序号	说明	图例
2	钢筋混凝土墙体配双层钢筋时,在配筋立面图中,远面钢筋的弯钩应向上或向左面近面钢筋的弯钩向下或向右(JM 表示近面,YM 表示远面)	
3	若在断面图中不能表达清楚的钢筋布置,应在断面图外增加钢筋大样图(如:钢筋混凝土墙、楼梯等)	
4	图中所表示的箍筋、环筋等若布置复杂时,可加画钢筋大样及说明	
5	每组相同的钢筋、箍筋或环筋,可用一根粗实线表示,同时用一两端带斜短划线的横穿细线,表示其钢筋及起止范围	

此外,需要注意的是,钢筋在平面、立面、剖(断)面中的表示方法应符合规范规定。钢筋在平面图中的配置应按图 3-9 所示的方法表示。当钢筋标注的位置不够时,可采用引出线标注。引出线标注钢筋的斜短划线应为中实线或细实线。当构件布置较简单时,结构平面布置图可与板配筋平面图合并绘制,而平面图中的钢筋配置较复杂时,配筋情况如图 3-10 所示。

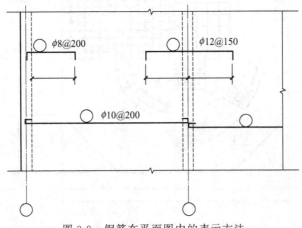

图 3-9 钢筋在平面图中的表示方法

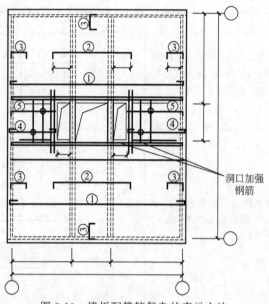

图 3-10 楼板配筋较复杂的表示方法

(3) 钢筋的简化表示方法。

① 当构件对称时,钢筋网片可用 1/2 或 1/4 表示 (见图 3-11)。

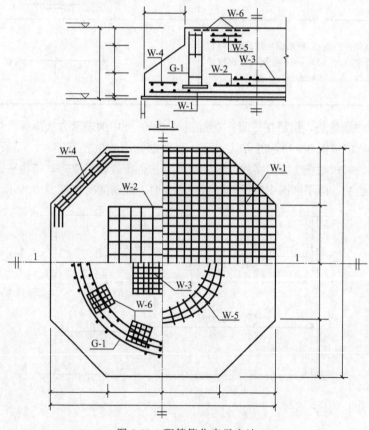

图 3-11 配筋简化表示方法

② 钢筋混凝土构件配筋较简单时，独立基础在平面模板图左下角，绘出波浪线，绘出钢筋并标注钢筋的直径、间距等。其他构件可在某一部位绘出波浪线，绘出钢筋并标注钢筋的直径、间距等。对称的钢筋混凝土构件，可在同一图样中一半表示模板，另一半表示配筋（见图 3-12）。

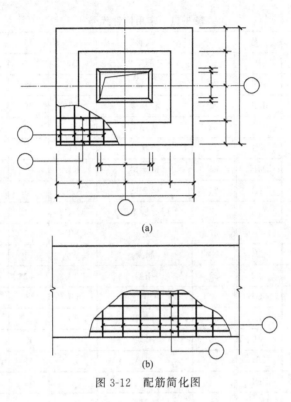

图 3-12　配筋简化图

（4）弯钩的表示方法　为了增强钢筋与混凝土的黏结力，表面光圆的钢筋两端需要做弯钩。弯钩的形式及表示方法如图 3-13 所示。

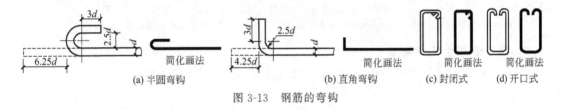

图 3-13　钢筋的弯钩

三、钢筋混凝土构件施工图

混凝土是由胶凝材料（如水泥）、粗骨料（石子）、细骨料（砂子）、水等按照一定比例拌和，振捣密实，在标准的条件下养护硬化凝结而成的人工石材。混凝土这种材料抗拉强度低、抗压强度高，为了提高混凝土构件的抗拉能力，常在混凝土的受拉区内配置一定数量的钢筋。这种由混凝土和钢筋两种材料共同构成整体的构件，叫钢筋混凝土构件。混凝土对钢筋也起到保护层的作用。

1. 常用构件代号

房屋结构的基本构件很多，布置也很复杂，为了图画清晰，以及把不同的构件表示清楚,《建筑结构制图标准》(GB/T 50105—2010)规定构件的名称应用代号来表示。常用构件的代号,见表3-11。代号后应用阿拉伯数字楼注该构件的型号或编号,也可为构件的顺序号。构件的顺序号采用不带角标的阿拉伯数字连续编排,代号用构件名称的汉语拼音中的第一个字母表示。

表3-11 常用构件代号

序号	名称	代号	序号	名称	代号	序号	名称	代号
1	板	B	19	圈梁	QL	37	承台	CT
2	屋面板	WB	20	过梁	GL	38	基础	J
3	空心板	KB	21	联系梁	LL	39	设备基础	SJ
4	槽形板	CB	22	基础梁	JL	40	柱	ZH
5	折板	ZB	23	楼梯梁	TL	41	挡土墙	DQ
6	密肋板	MB	24	框架梁	KL	42	地沟	DG
7	楼梯板	TB	25	框支梁	KZL	43	暗柱	AZ
8	盖板或沟盖板	GB	26	屋面框架梁	WKL	44	柱间支撑	ZC
9	挡雨板或檐口板	YB	27	檩条	LT	45	水平支撑	SC
10	吊车安全走道板	DB	28	屋架	WJ	46	垂直支撑	CC
11	墙板	QB	29	托架	TJ	47	梯	T
12	天沟板	TGB	30	天窗架	CJ	48	雨篷	YP
13	梁	L	31	框架	KJ	49	阳台	YT
14	屋面梁	WL	32	刚架	GJ	50	梁垫	LD
15	吊车梁	DL	33	支架	ZJ	51	预埋件	MJ
16	单机吊车梁	DDL	34	柱	Z	52	天窗端壁	TD
17	轨道连接	DGL	35	框架柱	KZ	53	钢筋网	W
18	车档	CD	36	构造柱	GZ	54	钢筋骨架	G

注:1. 预制混凝土构件、现浇混凝土构件、钢构件和木构件,一般可以采用本附录中的构件代号。在绘图中,除混凝土构件可以不注明材料代号外,其他材料的构件可在构件代号前加注材料代号,并在图纸中加以说明。
2. 预应力钢筋混凝土构件代号,应在构件代号前加注"Y-",例如Y-KB表示预应力混凝土空心板。

2. 钢筋混凝土构件配筋

各种钢筋的形式及在梁、板、柱中的位置及其形状,如图3-14所示。

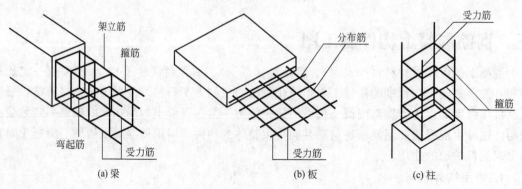

图3-14 钢筋混凝土梁、板、柱配筋示意图

3. 钢筋混凝土构件详图

钢筋混凝土构件图是加工制作钢筋、浇筑混凝土的依据，其内容包括模板图、配筋图、钢筋表和文字说明四部分。

（1）模板图。模板图是为浇筑构件的混凝土绘制的，主要表达构件的外形尺寸、预埋件的位置、预留孔洞的大小和位置。对于外形简单的构件，一般不必单独绘制模板图，只需在配筋图中把构件的尺寸标注清楚即可。对于外形较复杂或预埋件较多的构件，一般要单独画出模板图。

模板图的图示方法就是按构件的外形绘制的视图，外形轮廓线用中粗实线绘制，如图 3-15 所示。

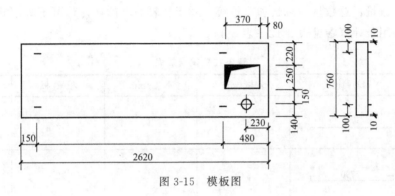

图 3-15　模板图

（2）配筋图。配筋图就是钢筋混凝土构件（结构）中的钢筋配置图。主要表示构件内部所配置钢筋的形状、大小、数量、级别和排放位置。配筋图又分为立面图、断面图和钢筋详图。

① 立面图。立面图是假定构件为一透明体而画出的一个纵向正投影图，主要表示构件中钢筋的立面形状和上下排列位置。通常构件外形轮廓用细实线表示，钢筋用粗实线表示，如图 3-16(a) 表示。当钢筋的类型、直径、间距均相同时，可只画出其中的一部分，其余可省略不画。

② 断面图。断面图是构件横向剖切投影图。它主要表示钢筋的上下和前后的排列、箍筋的形状等内容。凡构件的断面形状及钢筋的数量、位置有变化之处，均应画出其断面图。

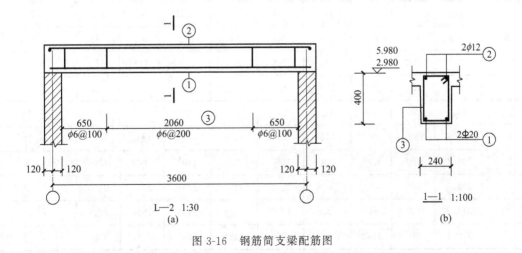

图 3-16　钢筋简支梁配筋图

断面图的轮廓为细实线,钢筋横断面用黑点表示,如图 3-16(b) 所示。

③ 钢筋详图。钢筋详图是按规定的图例画出的一种示意图。它主要表示钢筋的形状,以便于钢筋下料和加工成型。同一编号的钢筋只画一根,并注出钢筋的编号、数量(或间距)、等级、直径及各段的长度和总尺寸。

为了区分钢筋的等级、形状、大小,应将钢筋予以编号。钢筋编号是用阿拉伯数字注写在直径为 6mm 的细实线圆圈内,并用引出线指到对应的钢筋部位。同时,在引出线的水平线段上注出钢筋标注内容。

(3) 钢筋表。为便于编制施工预算和统计用料,在配筋图中还应列出钢筋表,表 3-12 为某钢筋混凝土简支梁钢筋用表。表内应注明构件代号、构件数量、钢筋编号、钢筋简图、直径、长度、数量、总数量、总长和重量等。对于比较简单的构件,可不画钢筋详图,只列钢筋表。钢筋用量计算参见表 3-12~表 3-14。

表 3-12 梁钢筋表

编号	钢筋简图	规格/mm	长度/mm	根数/根	重量/kg
1	3790	φ20	3790	2	
2	3790	φ12	3950	2	
3	190 350	φ6	1180	23	
总重/kg					

注:此表应与图 3-17 钢筋混凝土简支梁配筋图结合阅读。

表 3-13 钢筋的计算截面面积及公称质量

公称直径 /mm	不同根数钢筋的计算截面面积/mm²									单根钢筋公称质量/(kg/m)
	1	2	3	4	5	6	7	8	9	
6	28.3	57	85	113	142	170	198	226	255	0.222
6.5	33.2	66	100	133	166	199	232	265	299	0.260
8	50.3	101	151	201	252	302	352	402	453	0.395
8.2	52.8	106	158	211	264	317	370	423	475	0.432
10	78.5	157	236	314	393	471	550	628	707	0.617
12	113.1	226	339	452	565	678	791	904	1017	0.888
14	153.9	308	461	615	769	923	1077	1231	1385	1.21
16	201.1	402	603	804	1005	1206	1407	1608	1809	1.58
18	254.5	509	763	1017	1272	1257	1781	2036	2290	2.00
20	314.2	628	942	1256	1570	1884	2199	2513	2827	2.47
22	380.1	760	1140	1520	1900	2281	2661	3041	3421	2.98

续表

公称直径/mm	不同根数钢筋的计算截面面积/mm²									单根钢筋公称质量/(kg/m)
	1	2	3	4	5	6	7	8	9	
25	490.9	982	1473	1964	2454	2945	3436	3927	4418	3.85
28	615.8	1232	1847	2463	3079	3695	4310	4926	5542	4.83
32	804.2	1609	2413	3217	4021	4826	5630	6434	7238	6.31
36	1017.9	2036	3054	4072	5089	6107	7125	8143	9161	7.99
40	1256.6	2513	3770	5027	6283	7540	8796	10053	11310	9.87

注：表中公称直径为8.2mm的计算截面面积及公称质量仅适用于有纵肋的热处理钢筋。

表3-14 钢筋混凝土板每米宽的钢筋截面面积

公称直径/mm	钢筋直径/mm											
	3	4	5	6	6/8	8	8/10	10	10/12	12	12/14	14
70	101	180	280	404	561	719	920	1121	1369	1616	1907	2199
75	94.2	168	262	377	524	671	899	1047	1277	1508	1780	2053
80	88.4	157	245	354	491	629	805	981	1198	1414	1669	1924
85	83.2	148	231	333	462	592	758	924	1127	1331	1571	1811
90	78.2	140	218	314	437	559	716	872	1064	1257	1438	1710
95	74.5	132	207	298	414	529	678	826	1008	1190	1405	1620
100	70.6	126	196	283	393	503	644	785	958	1131	1335	1539
110	64.2	114	178	257	357	457	585	714	871	1028	1214	1399
120	58.9	105	163	236	327	419	537	654	798	942	1113	1283
125	56.5	101	157	226	314	402	515	628	766	905	1068	1231
130	54.4	96.6	151	218	302	387	495	604	737	870	1027	1184
140	50.5	89.8	140	202	281	359	460	561	684	808	954	1099
150	47.1	83.8	131	189	262	335	429	523	639	754	890	1026
160	44.1	78.5	123	177	246	314	403	491	599	707	834	962
170	41.5	73.9	115	166	231	296	379	462	564	665	785	905
180	39.2	69.8	109	157	218	279	358	436	532	628	742	855
190	37.2	66.1	103	149	207	265	339	413	504	595	703	810
200	35.3	62.8	98.2	141	196	251	322	393	479	565	668	770
220	32.1	57.1	89.2	129	176	229	293	357	436	514	607	700
240	29.4	52.4	81.8	118	164	210	268	327	399	471	556	641
250	28.3	50.3	78.5	113	157	201	258	314	383	452	534	616

4. 钢筋的保护层

为了防止构件中的钢筋被锈蚀，加强钢筋与混凝土的黏结力，构件中的钢筋不允许外露，构件表面到钢筋外缘必须有一定厚度的混凝土，这层混凝土被称为钢筋的保护层。保护层的厚度因构件不同而异，根据钢筋混凝土结构设计规范规定，一般情况下，梁和柱的保护层厚为25mm，板的保护层厚为10～15mm。

四、钢筋混凝土简支梁配筋图

图3-17是钢筋混凝土简支梁L-2的配筋图，它是由立面图、断面图和钢筋表组成的。

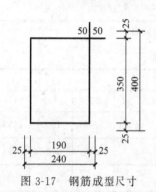

图3-17 钢筋成型尺寸

其中L-2是楼层结构平面图中钢筋混凝土的代号。L-2的配筋立面图和断面图分别表明简支梁的长为3840mm，宽为240mm，高为400mm。两端搭入墙内240mm，梁的下端配置了两根编号为①的直受力筋，直径为20mm，HRB335级钢筋；两根编号为②的架立筋配置在梁的上部，直径12mm，HPB300级钢筋。编号③的钢筋是箍筋，直径6mm，HPB300级钢筋，在梁端间距为100mm，梁中间距为200mm。

钢筋表中表明了三种类型钢筋的形状、编号、根数、等级、直径、长度和根数等。各编号钢筋长度的计算方法为：

① 号钢筋长度应该是梁长减去两端保护层厚度，即 $3840-2\times25=3790$ mm。

② 号钢筋长度应该是梁长减去两端保护层厚度，加上两端弯钩所需长度，即 $3810-2\times25+80\times2=3950$ mm，其中一个半圆弯钩的长度为 $6.25d$，实际计算长度为75mm，施工中取80mm。

③ 号箍筋的长度按图3-18进行计算。③号箍筋应为135°的弯钩，当不考虑抗扭要求时，$\phi6$mm的箍筋按施工经验一般取50mm。

五、基础结构施工图

基础结构施工图通常包括基础平面图和基础详图，是用来表示房屋地面以下基础部分的平面布置和详细构造的图样。它是进行施工放线、基槽开挖和砌筑的主要依据，也是施工组织和预算的主要依据。

基础（施工）图就是表示建筑物相对标高±0.000以下基础部分的平面布置、类型和详细构造的图样。基础图通常包括基础平面图、基础详图和说明三部分，其是施工时在基地上放灰线、开挖基坑和砌筑基础的依据。

1. 条形基础图

（1）基础平面图　假想用一个水平剖切面，沿建筑物首层室内地面把建筑物水平剖开，移去剖切面以上的建筑物和回填土，向下作水平投影，所得到的图称为基础平面图。它主要表示基础的平面布置以及墙、柱与轴线的关系。条形基础平面图的主要内容及阅读方法如下：

① 看图名、比例和轴线。基础平面图的绘图比例、轴线编号及轴线间的尺寸必须同建筑平面图一样。

② 看基础的平面布置，即基础墙、柱以及基础底面的形状、大小及其与轴线的关系。

③ 看基础梁的位置和代号。主要了解哪些基础部位有梁，根据代号可以统计梁的种类、

数量和查阅梁的详图。

④ 看地沟与孔洞。由于给水排水的要求，常常设置地沟或在地面以下的基础墙上预留孔洞。在基础平面图中用虚线表示地沟或孔洞的位置，并注明大小及洞底的标高。

⑤ 看基础平面图中剖切符号及其编号。在不同的位置，基础的形状、尺寸、埋置深度及与轴线的相对位置不同，需要分别画出它们的断面图（基础详图）。在基础平面图中要相应地画出剖切符号，并注明断面图的编号。

(2) 基础详图　条形基础详图就是先假想用剖切平面垂直剖切基础，用较大比例画出的断面图，它用于表示基础的断面形状、尺寸、材料、构造及基础埋置深度等内容。其阅读方法及步骤如下：

① 看图名、比例。基础详图的图名常用1-1、2-2、…、断面或用基础代号表示。基础详图比例常用1∶20。读图时先用基础详图的名字（1-1、2-2等），对照基础平面图的位置，了解其是哪一条基础上的断面图。

② 看基础断面形状、大小、材料及配筋。断面图中（除配筋部分），要画出材料图例表示。

③ 看基础断面图的各部分详细尺寸和室内外地面、基础底面的标高。基础断面图中的详细尺寸包括基础底部的宽度及其与轴线的关系，基础的深度及大放脚的尺寸。

2. 独立基础图

(1) 基础平面图　独立基础图也是由基础平面图和基础详图两部分组成的。独立基础平面图不但要表示出基础的平面形状，而且要标明各独立基础的相对位置。对不同类型的单独基础要分别编号。某厂房的钢筋混凝土杯形基础平面图如图3-18所示，图中的"□"表示独立基础的外轮廓线，框中的"工"是矩形钢筋混凝土柱的断面，基础沿定位轴线分布，其编号为J-1、J-2及J-1a，其中J-2有10个，布置在整个轮廓轴线之间并分前后两排；J-1共4个，布置在左和右轴线上；J-1a也有4个，布置在车间四角。

(2) 基础详图　钢筋混凝土独立基础详图一般应画出平面图和剖面图，用以表达每一基础的形状、尺寸和配筋情况。

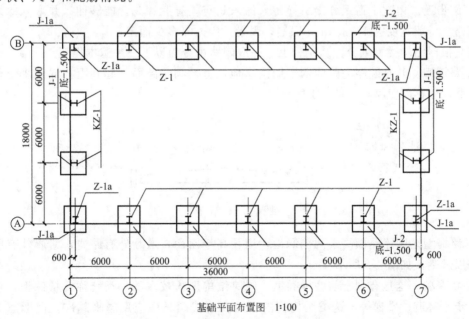

图3-18　钢筋混凝土杯形基础平面图

第四章

园林工程施工图

园林工程建设施工图是指导园林工程现场施工的技术性图纸,常见园林工程建设施工图包括:园路工程施工图、园桥工程施工图、假山工程施工图、水景工程施工图及设备施工图等。

第一节　园路工程施工图

一、园路的类型与作用

1. 园路的类型

从不同方面考虑,园路有不同的分类方法,但最常见的有功能分类、结构类型分类及铺装材料分类。

(1) 根据功能划分　一般园路可分三类,即主干道、次干道和游步道。

① 主干道。是园林绿地道路系统的骨干,与园林绿地的主要出入口、各功能分区以及风景点相联系,也是各分区的分界线,形成整个绿地道路的骨架,不但供行人通行,也可在必要时通过车辆。宽度一般3～4m。

② 次干道。由主干道分出,直接联系各区及风景点的道路。一般宽度为2～3m。

③ 游步道。由次干道上分出引导游人深入景点,寻胜探幽,能够伸入并融入绿地及幽景的道路。一般宽度为1～2.5m,因地、因景、因人流多少而定。

(2) 根据结构类型划分　从结构上,一般园路可分为以下三种基本类型。

① 路堑型。凡是园路的路面低于周围绿地,道牙高于路面,起到阻挡绿地水土作用的一类园路,统称路堑型,如图4-1所示。

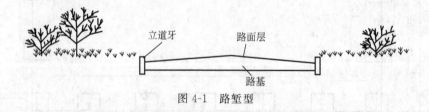

图4-1　路堑型

② 路堤型。园路路面高于两侧绿地,道牙高于路面,道牙外有路肩,路肩外有明沟和绿地加以过渡,如图4-2所示。

③ 特殊型。这是有别于前两种类型,同时结构形式较多的一类统称为特殊型,包括步石、汀步、磴道、攀梯等,这类结构型的道路在现代园林中应用越来越广,但形态变化很大,应用得好,往往能达到意想不到的造景效果。

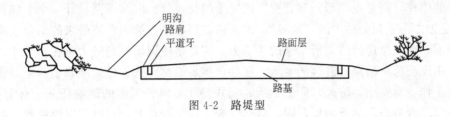

图 4-2 路堤型

(3) 按铺装面材料不同划分 修筑园路所用的材料非常多，所以形成的园路类型也非常多，但大体上有以下几种类型。

① 整体路面。由水泥混凝土或沥青混凝土整体浇筑而成的路面，这类路面也是在园林建设中应用最多的一类。它具有强度高、结实耐用、整体性好的特点。但不便维修且一般观赏性较差，如图 4-3(a) 所示。

② 块料路面。用大方砖、石板或各种预制板铺装而成的路面，这类路面简朴大方、防滑，能减弱路面反光强度，并能铺装成各种形态各异的图案花纹，同时也便于进行地下施工时拆补，在城镇及绿地中被广泛应用，如图 4-3(b) 所示。

③ 碎料路面。用各种碎石、瓦片、卵石及其他碎状材料组成的路面，称为碎状路面。这类路面铺路材料廉价，能铺成各种花纹，一般多用在游步道中，如图 4-3(c) 所示。

④ 简易路面。由煤屑、三合土等组成的临时性或过渡路面。

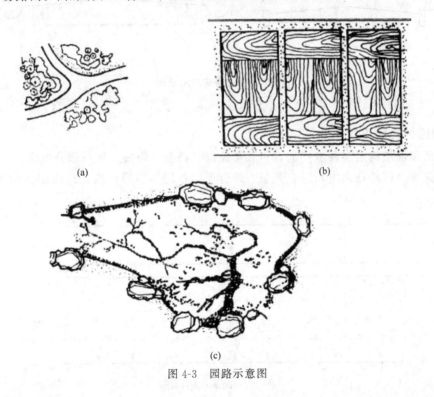

图 4-3 园路示意图

2. 园路的作用

(1) 组织空间、引导游览 在公园中常常是利用地形、建筑、植物或道路把全园分隔成各种不同功能的景区，同时又通过道路，把各个景区联系成一个整体。这其中游览程序的安排，对中国园林来讲，是十分重要的。它能将设计者的造景序列传达给游客。中国园林不仅是"形"的创作,而是由"形"到"神"的一个转化过程。园林不是设计一个个静止的"境界",而是创作一系列运动中的"境界"。游人所获得的是连续印象所带来的综合效果,是由印象的积累,而在思想情感上所带来的感染力。这正是中国园林的魅力所在。

(2) 组织交通　园路对游客的集散、疏导,满足园林绿化、建筑维修、养护、管理等工作的运输工作,对安全、防火、职工生活、公共餐厅等园务工作的运输任务。对于小公园,这些任务可综合考虑,对于大型公园,由于园务工作交通量大,有时可以设置专门的路线和入口。

(3) 构成园景　园路优美的曲线,丰富多彩的路面铺装,可与周围的山、水、建筑、花草、树木、石景等景物紧密结合,不仅是"因景设路",而且是"因路得景"。所以园路可行、可游,行游统一。

二、园路的构造

1. 园路的构造形式

园路一般有街道式和公路式两种构造形式,街道式结构如图4-4(a)所示,公路式结构如图4-4(b)所示。

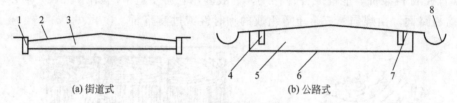

(a) 街道式　　　　　　　　(b) 公路式

图4-4　园路构造示意图

1—立道、立道牙；2—路面；3—路基；4—平道牙；5—路面；6—路基；7—路肩；8—明沟

2. 园路的结构组成

园路的路面结构是多种多样的,一般由路面、路基和附属工程三部分组成。

(1) 路面　园路路面由面层、基层、结合层和垫层共四层构成。路面层结构图如图4-5所示。

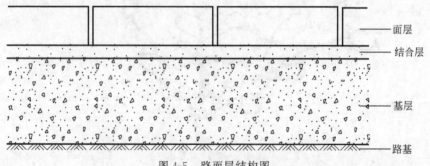

图4-5　路面层结构图

① 面层。面层是园路路面最上面的一层,其作用是直接承受人流、车辆的压力,以及气候、人为等各种破坏,同时具有装饰、造景等作用。从工程设计上,面层设计要保证坚固、平稳、耐磨耗,具有一定的粗糙度,同时在外观上尽量美观大方,和园林绿地景观融为一体。

② 基层。在土基之上，主要起承重作用，具体地说其作用为两方面：一是支承由面层传下来的荷载；二是把此荷载传给土基。由于基层处于结合层和土基之间，不直接受车辆、人为及气候条件等因素影响，因此对造景本身也就不影响。所以从工程设计上注意两点：其一是对材料要求低，一般用碎（砾）石、灰土或各种工业废渣筑成；其二要根据荷载层及面层的需要达到应有的厚度。此外，需要注意的是基层的厚度在施工图纸中都有详细的标准，施工时应严格按设计图纸的要求进行施工，常用园路结构见表4-1。

表 4-1　常用园路结构

编号	类型	结　构	
1	石板嵌草路	(1)100mm厚石板。 (2)50mm厚黄砂。 (3)素土夯实 注：石缝30～50mm嵌草	
2	卵石嵌花路	(1)70mm厚预制混凝土嵌卵石。 (2)50mm厚M2.5混合砂浆。 (3)一步灰土。 (4)素土夯实	
3	方砖路	(1)500mm×500mm×100mm C15混凝土方砖。 (2)50mm厚粗砂。 (3)150～250mm厚灰土。 (4)素土夯实 注：胀缝加10mm×95mm橡皮条	
4	水泥混凝土路	(1)80～150mm厚C20混凝土。 (2)80～120mm厚碎石。 (3)素土夯实 注：基层可用二渣（水碎渣、散石灰），三渣（水碎渣、散石灰、道砟）	
5	卵石路	(1)70mm厚混凝土上栽小卵石。 (2)30～50mm厚M2.5混合砂浆。 (3)150～250mm厚碎砖三合土。 (4)素土夯实	
6	沥青碎石路	(1)10mm厚二层柏油表面处理。 (2)50mm厚泥结碎石。 (3)150mm厚碎砖或白灰、煤渣。 (4)素土夯实	
7	羽毛球场铺地	(1)20mm厚1:3水泥砂浆。 (2)80mm厚1:3:6水泥、白灰、碎砖。 (3)素土夯实	

续表

编号	类型	结构	
8	步石	(1)大块毛石。 (2)基石用毛石或100mm厚水泥混凝土板	
9	块石汀步	(1)大块毛石。 (2)基石用毛石或100mm厚水泥混凝土板	
10	荷叶汀步	钢筋混凝土现浇	
11	透气透水性路面	(1)彩色异型砖。 (2)石灰砂浆。 (3)少砂水泥混凝土。 (4)天然级配砂砾	

③ 结合层。在采用块料铺筑面层时,在面层和基层之间的一层叫结合层。结合层的主要作用是结合面层和基层,同时起到找平的作用,一般用3~5cm粗砂、水泥砂浆或白灰砂浆。

④ 垫层。在路基排水不良或有冻胀、翻浆的路段上,为了排水、隔温、防冻的需要,用煤渣土、石灰土等构成。在园林中可以用加强基层的办法,而不另设此层。

各类型路面结构层的最小厚度可查表4-2。

表4-2 路面结构层最小厚度

序号	结构层材料		层位	最小厚度/cm	备注
1	水泥混凝土		面层	6	—
2	水泥砂浆表面处理		面层	1	1:2水泥砂浆,用粗砂
3	石片、釉面砖表面铺贴		面层	1.5	水泥砂浆做结合层
4	沥青混凝土	细粒式	面层	3	双层式结构的上层为细粒式时,其最小厚度为2cm
		中粒式	面层	3.5	
		粗粒式	面层	5	
5	沥青(渣油)表面处理		面层	1.5	—
6	石板、预制混凝土板		面层	6	预制板加φ6mm~φ8mm的钢筋
7	整齐石块、预制砌块		面层	10~12	—

续表

序号	结构层材料	层位	最小厚度/cm	备注
8	半整齐、不整齐石块	面层	10～12	包括拳石、圆石
9	砖铺地	面层	6	用1:2.5水泥砂浆或4:6石灰砂浆做结合层
10	砖石镶嵌拼花	面层	5	
11	泥结碎(砾)石	基层	6	—
12	级配砾(碎)	基层	5	—
13	石灰土	基层或垫层	8或15	老路上为8cm,新路上为15cm
14	二渣土、三渣土	基层或垫层	8或15	
15	手摆大块石	基层	12～15	
16	砂、砂砾或煤渣	基层	15	仅做平整用,不限厚度

（2）路基 路基是处于路面基层以下的基础,其主要作用是为路面提供一个平整的基面,承受路面传下来的荷载,保证路面强度和稳定性,以及路面的使用寿命。

经验认为,如无特殊要求,一般黏土或砂性土开挖后用蛙式夯实机夯3遍,就可直接作为路基。

对于未压实的下层填土,经过雨季被水浸润后能使其自身沉陷稳定,其容重为$180/cm^3$,可以用于路基。

在严寒地区,严重的过湿冻胀土或湿软呈橡皮状土,宜采用1:9或2:8的灰土加固路基,其厚度一般为15cm。

（3）附属工程

① 道牙。道牙是安置在园路两侧的园路附属工程。其作用主要是保护路面、便于排水、使路面与路肩在高程上起衔接作用等。

道牙一般分为立道牙和平道牙两种形式,立道牙是指道牙高于路面,如图4-6(a)所示；平道牙是指道牙表面和路面平齐,如图4-6(b)所示。

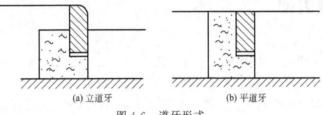

(a) 立道牙   (b) 平道牙

图4-6 道牙形式

② 明沟和雨水井。明沟和雨水井是收集路面雨水而建的构筑物,在园林中常用砖块砌成。明沟一般多用于平道道牙的路两侧,而雨水井则主要用于立道牙的路面道牙内侧,如图4-7所示。

③ 台阶。当路面坡度大于12°时,为了便于行走,且不需要通行车辆的路段,就应设计台阶。台阶设计应注意的问题：

a. 每级台阶的高度为12～17cm,台阶面宽为30～38cm。

b. 台阶的宽度和路面相同宽或略宽（两边能行车的无障碍的设计）。

c. 每级台阶应有1%～2%的向下坡度,以利排水。

图 4-7 明沟和雨水井与道牙的关系

d. 台阶一般不连续设计，应和平台相间设计。

e. 台阶的造型及材料选择必须考虑造景的需要。

④ 礓礤。在坡度较大的地段上，一般纵坡超过15%时，本应设台阶，但为了能通行车辆，将斜面作成锯齿形坡道，称为礓礤。其形式和尺寸，如图4-8所示。

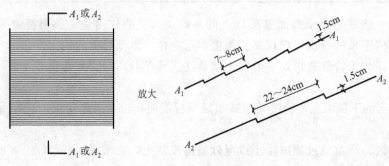

图 4-8 礓礤做法

⑤ 磴道。在地形陡峭的地段，可结合地形或利用露岩设置磴道。当其纵坡大于60%时，应做防滑处理，并设扶手栏杆等。

⑥ 种植池。在路边或广场上栽种植物，一般应留种植池，种植池的大小应由所栽植物的要求而定，在栽种高大乔木的种植池上应设保护栅。

三、园路铺装类型

1. 整体路面

（1）水泥混凝土路面　水泥混凝土路面是指用水泥、粗细骨料（碎石、卵石、砂等）、水按一定的配合比拌匀后现场浇筑而成的路面。这种路面整体性好，耐压强度高，养护简单，便于清扫，在园林中多用于主干道。初凝之前，还可以在表面进行纹样加工；为增加色彩变化，可以添加不溶于水的无机矿物颜料。

（2）沥青混凝土路面　沥青混凝土路面是指用热沥青、碎石和砂的拌和物现场铺筑而成的路面。用60～100mm厚泥结碎石做基层，以30～50mm厚沥青混凝土做面层。沥青混凝土根据其骨料粒径大小，分细粒式、中粒式和粗粒式三种。这种路面颜色深，反光小，易于与深色的植被协调，但耐压强度和使用寿命均低于水泥混凝土路面，且夏季沥青有软化现象。在园林中，沥青混凝土路面多用于主干道。

2. 块料路面

用规则或不规则的石材、砖、预制混凝土块做路面面层材料，一般结合层要用水泥砂浆，起路面找平和结合作用，其适用于园林中的游步道、次路等。

(1) 砖铺地　我国机制标准砖的大小为 240mm×115mm×53mm，有青砖和红砖之分。园林铺地多用青砖，风格朴素淡雅，施工简便，可以拼凑成各种图案，砖铺地适用于庭院和古建筑物附近。

① 用砖铺砌，可铺成席纹、人字纹、间方纹及斗纹，如图 4-9 所示。

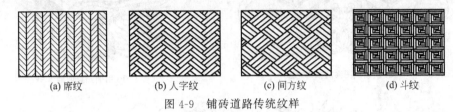

(a) 席纹　　(b) 人字纹　　(c) 间方纹　　(d) 斗纹

图 4-9　铺砖道路传统纹样

② 以砖瓦为图案界线，镶以各色卵石或碎瓷片，其可以拼合成的图案有六方式、攒六方式、八方间六方式、套六方式、长八方式、海棠式、八方式、四方间十字方式，如图 4-10 所示。

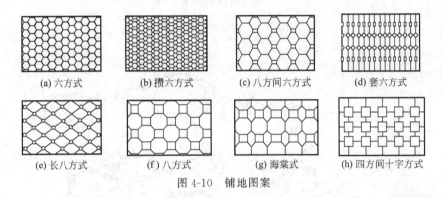

(a) 六方式　　(b) 攒六方式　　(c) 八方间六方式　　(d) 套六方式

(e) 长八方式　　(f) 八方式　　(g) 海棠式　　(h) 四方间十字方式

图 4-10　铺地图案

(2) 乱石路　乱石路即用小乱石砌成石榴子形，比较坚实雅致。路的曲折高低，从山上到谷口都宜用这种方法，如图 4-11 所示。

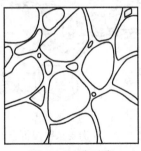

图 4-11　乱石路

(3) 卵石路　卵石路应用在不常走的路上，主要满足游人锻炼身体之用，同时要用大小卵石间隔铺成为宜。砖卵石路面被誉为"石子画"，它是选用精雕的砖、细磨的瓦和经过严格挑选的各色卵石拼凑成的路面，图案内容丰富，有以寓言为题材的图案，有花、鸟、鱼、虫等。又如绘制成蝙蝠、梅花鹿和仙鹤、虎的图案，以象征福、禄、寿，如图 4-12 所示，成为我国园林艺术的特点之一。花港观鱼公园牡丹园中的梅影坡，即把梅树投影在路面上的位置用黑色的卵石制砌成，此举在现代园林中颇有影响，如图 4-13 所示。

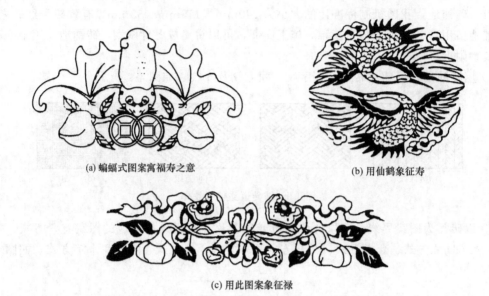

图 4-12 福、禄、寿图案

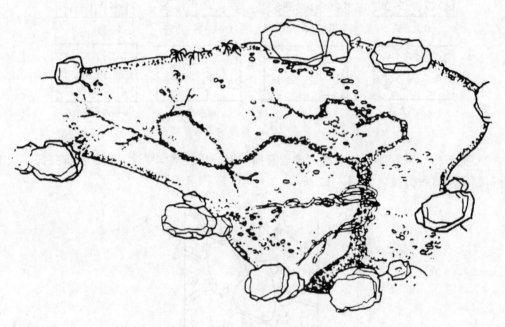

图 4-13 花港观鱼公园梅影坡

(4) 机制石板路 机制石板路,选深紫色、深灰色、灰绿色、酱红色、褐红色等岩石,用机械磨砌成为15cm×15cm、厚为10cm以上的石板,表面平坦而粗糙,铺成各种纹样或色块,既耐磨又美丽。

(5) 嵌草路面 嵌草路面,把不等边的石板或混凝土板铺成冰裂纹或其他纹样,铺筑时在块料预留3～5cm的缝隙,填入培养土,用来种草或其他地被植物。常见的有冰裂纹嵌草路面、梅花形混凝土板嵌草路面、花岗石板嵌草路面、木纹混凝土板嵌草路面等,如图 4-14 所示。

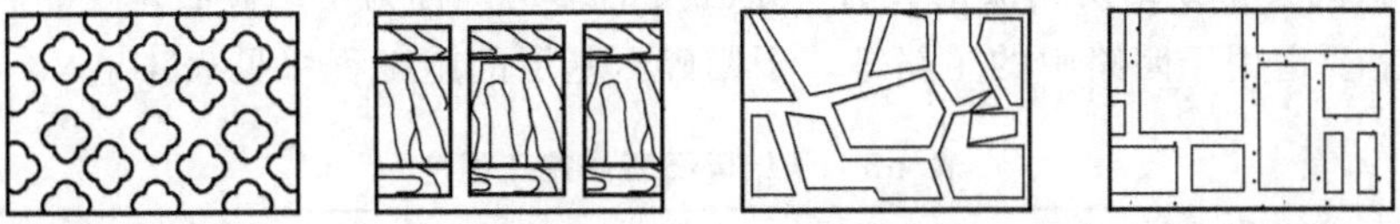

(a) 梅花形混凝土板　　(b) 木纹混凝土板　　(c) 冰裂纹　　(d) 花岗石板

图 4-14　各种嵌草路面示例

四、园路、铺地施工

园路施工的重点在于要控制好施工面的高程，并注意与园林其他设施的有关高程相协调。

1. 工程准备

（1）技术准备工作　技术准备是施工准备的核心。是为了能够按照设计图纸的要求顺利地进行施工，建设成符合设计要求的园林铺地及园路工程；为了能够在拟建工程开工之前，使从事施工技术和经营管理的工程技术人员充分地了解和掌握设计的意图、园路的基层构造、面层铺装的特点及技术要求，以及成景的关键部位与整个公园和绿地建设的关系，施工单位必须认真做好熟悉、审查图纸的工作。

（2）现场准备工作　现场准备工作进行的快慢会直接影响工程质量和施工进展。施工现场的准备工作主要有以下内容。

① 按施工计划确定并搭建好临时工棚。

② 按照建设单位提供的景观工程施工图纸及给定的永久性坐标控制网和水准控制基桩，进行施工测量，设置施工现场的永久性坐标桩，水准基桩和工程测量控制网。

③ 做好"四通一清"，认真设置消火栓。"四通一清"是指水通、电通、道路通畅、通信通畅和场地清理。应按消防要求，设置足够数量的消火栓。

④ 按照施工机具需要量计划，组织施工机具进场，根据施工总平面图将施工机具安置在规定的地点或仓库。对于固定的机具要进行就位、搭棚、保养和调试等工作。对所有施工机具都必须在开工之前进行检查和试运转。

⑤ 做好园林铺地及园路工程的铺装材料的堆放，按照施工进度计划组织铺装材料的进场，并做好保护工作。

⑥ 按照建筑材料的需要量计划，及时提供建筑材料的试验申请计划。如混凝土或砂浆的配合比和强度等试验，水泥原材料的复试等。

此外按照施工组织设计的要求，应落实雨期施工的临时设施和技术措施。

（3）施工人员、材料和机具准备。园林施工时，应根据工程的特点，组织有经验的园林铺地及园路铺装的施工人员进场施工。

园林铺地及园路工程施工的材料、机具和设备是保证施工顺利进行的物资基础，这些物资的准备工作必须在工程开工之前完成。根据各种物资的需要量计划，分别落实货源，安排运输和储备。

2. 基层铺筑

根据设计要求准备铺筑材料。对于灰土基层，一般实厚为 15cm，虚铺厚度根据土壤情况不同为 21～24cm。对于炉灰土，虚铺厚度为压实厚度的 160%。

（1）干结碎石基层　在施工过程中，不洒水或少洒水，仅依靠充分压实及用嵌缝料充分嵌挤,使石料间紧密锁结所构成的具有一定强度的结构,称为干结碎石基层,其一般厚度为 8~16cm,主要适用于园路中的主路等。干结碎石基层的施工程序见表 4-3。

表 4-3 干结碎石基层施工程序

序号	程序	说 明
1	摊铺碎石	摊铺虚厚度为压实厚度的 1.1 倍左右。使用平地机摊铺,根据虚厚度不同,每 30~50m 做一个 1~2m 的标准断面宽,洒上石灰粉,汽车即可按每车铺料的面积进行卸料。然后用平地机将料先摊开(一般料堆高度不超过 50cm),最后用平地机刮平,按碎石虚厚和路拱横坡确定刀片角度。若为 7m 宽的路面,则一边刮一刀即可。不平处可通过人工整修找平。若为人工摊铺,可用几块与虚厚度相等的方木砖块放在路槽内,以标定摊铺厚度,木块或砖块可随铺随挪动
2	稳压	先用 10~12t 压路机碾压,碾速宜慢,每分钟 25~30m,后轮重叠宽 1/2,先沿整修过的路肩一齐碾压,往返压两遍,即开始自路面边缘压至中心。碾压一遍后,用路拱板及小线绳检验路拱及平整度。局部不平处,要去高垫低。去高是指将多余的碎石均匀拣出,不得用铁锹集中挖除;垫低是指将低洼部分挖松,均匀地铺撒碎石,至符合标高后,洒少量水花,再继续碾压,至碎石初步稳定无明显移位为止。这个阶段一般需压 3~4 遍
3	撒填充料	将粗砂或灰土(石灰剂量的 8%~12%)均匀撒在碎石层上,用竹扫帚扫入碎石缝内,然后用洒水车或喷壶均匀洒一次水。水流冲出的空隙再以砂或灰土补充,至不再有空隙并露出碎石尖为止
4	压实	用 10~12t 压路机继续碾压,碾速稍快,每分钟 60~70m,一般碾 4~6 遍(视碎石软硬而定),切忌碾压过多,以免石料过碎
5	铺撒嵌缝料	大块碎石压实后,立即用 10~21t 压路机进行碾压,一般碾压 2~3 遍,碾压至表面平整、稳定且无明显轮迹为止
6	碾压	扫匀嵌缝料后,立即用 10~21t 压路机进行碾压,一般碾压 2~3 遍,碾压至表面平整稳定且无明显轮迹为止

(2) 天然级配砂砾基层 用天然的低塑性砂料,经摊铺整型并适当洒水碾压后所形成的具有一定密实度和强度的基层结构,称为天然级配砂砾基层。其厚度一般为 10~20cm。若超过 20cm,应分层铺筑。这种基层适用于园林中各级路面,天然级配砂砾基层施工程序见表 4-4。

表 4-4 天然级配砂砾基层施工程序

序号	程序	说 明
1	摊铺砂石	铺砂石前,最好根据材料的干湿情况,在料堆上适当洒水,以减少推铺粗细料分离的现象。虚铺厚度随颗粒级配、干湿不同情况,一般为压实厚度的 1.2~1.4 倍
2	平地机摊铺	每 30~50m 作一标准断面,宽 1~2m,撒上石灰粉,以便平地机司机准确下铲。汽车或其他运输工具把砂石料运来后,根据虚铺厚度和路面宽度按每个料堆面积进行卸料。然后用平地机摊铺和找平。平地机一般先从中间开始下正铲,两边根据路拱大小下斜铲。由铲刀刮起的成堆石子,小的可以扬开,大的用人工挖坑深埋,刮 3~5 遍
3	人工摊铺	人工摊铺时,每 15~30m 作一标准断面或用几块与虚铺厚度相等的木块、砖块控制摊铺厚度,随铺随挪动。若发现粗细颗粒分别集中,应掺入适当的砂或砾石

序号	程序	说 明
4	洒水	摊铺完一般(200~300m)后用洒水车洒水(无洒水车时,用喷壳代替),洒水量以使砂石料全部湿润又不致路槽发软为度。用水量一般在5%~8%。冬季为防止冰冻,可少洒水或洒盐水(水中掺入5%~10%的氯盐,根据施工气温确定掺量)
5	碾压	洒水后待表面稍干时,即可用10~12t压路机进行碾压。碾速为60~70m/min,后轮重叠1/2,碾压方法与石块碎石同。碾压1~3遍初步稳定后,用路拱板及小线检查路拱及平整度,及时去高垫低。找补坑槽要求一次打齐,不要反复多次进行。如发现个别砂窝或石子成堆,应将其挖出,重新调整级配后再铺
6	养护	碾压完后,可立即开放交通,但要限制车速,控制行车,全幅均匀碾压,并派专人洒水养护,使基层表面经常处于湿润状态,以免松散

3. 结合层铺筑

(1) 一般用 M7.5 水泥白灰砂混合砂浆或 1∶3 白灰砂浆。

(2) 砂浆摊铺宽度应大于铺装面 5~10cm,已拌好的砂浆应当日用完也可以用 35cm 厚的粗砂均匀摊铺。

(3) 对于特殊的石材料（如整齐石块和条石块）铺地,结合层采用 M10 水泥砂浆。

4. 面层的铺筑

在完成的路面基层上,重新定点、放线,每 10m 为一施工段落,根据设计标高、路面宽度定边桩、中桩,打好边线、中线。设置整体现浇路面边线处的施工挡板,确定砌块路面列数及拼装方式,将面层材料运入施工现场。常见的面层施工方法有水泥混凝土路面施工、块料路面施工、碎料路面的铺筑等。

五、园路施工图识读

园路施工图主要包括：园路路线平面图、路线纵断面图、路基横断面图、铺装详图和园路透视效果图,用来说明园路的游览方向和平面位置、线型状况以及沿线的地形和地物、纵断面标高和坡度、路基的宽度和边坡、路面结构、铺装图案、路线上的附属构筑物如桥梁、涵洞、挡土墙的位置等。

1. 路线平面图

路线平面图的任务是表达路线的线型（直线或曲线）状况和方向,以及沿线两侧一定范围内的地形和地物等,地形和地物一般用等高线和图例表示,图例画法应符合《总图制图标准》(GB/T 50103—2010) 的规定。

路线平面图一般所用比例较小,通常采用 1∶(500~2000) 的比例。所以在路线平面图中依道路中心画一条粗实线来表示道路。如比例较大,也可按路面宽画双线表示路线。新建道路用中粗线,原有道路用细实线。路线平面由直线段和曲线段（平曲线）组成,如图 4-15 所示是路线平面图图例画法,其中,α 为转折角（也称偏角,按前进方向右转或左转）,R 是曲线半径,E 表示外距（交角点到曲线中心距离）,L 是曲线长,EC 为切线,T 为切线长。

在图纸的适当位置画路线平曲线表,按交角点编号表列平曲线要素,包括交角点里程桩、转折角 α（按前进方向右转或左转）、曲线半径 R、切线长 T、曲线长 L、外距 E（交

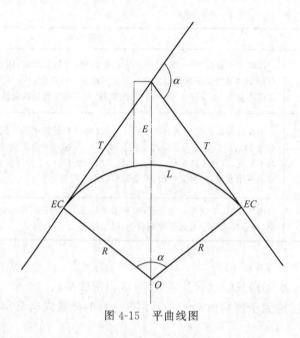

图 4-15 平曲线图

角点到曲线中心距离)。

此外,需注意的是如路线狭长需要画在几张图纸上时,应分段绘制。路线分段应在整数里程桩断开。断开的两端应画出垂直于路线的接线图(点画线)。接图时应以两图的路线"中心线"为准,并将接图线重合在一起,指北针同向。每张图纸右上角应绘出角标,注明图纸序号和图纸总张数。

2. 路基横断面图

道路的横断面形式依据车行道的条数通常可分为"一块板"(机动与非机动车辆在一条车行道上混合行驶,上行下行不分隔)、"二块板"(机动与非机动车辆混驶,但上下行由道路中央分隔带分开)等几种形式,公园中常见的路多为"一块板"。通常在总体规划阶段会初步定出园路的分级、宽度及断面形式等,但在进行园路技术设计时仍需结合现场情况重新进行深入设计,选择并最终确定适宜的园路宽度和横断面形式。

园路宽度的确定依据其分级而定,应充分考虑所承载的内容(见表4-5),园路的横断形式最常见的为"一块板"形式,在面积较大的公园主路中偶尔也会出现"二块板"的形式。园林中的道路不像城市中的道路那样具有一定的程式化,有时道路的绿化带会被路侧的绿化所取代,变化形式较灵活,在此不再详述。

表 4-5 游人及各种车辆的最小运动宽度表

交通种类	最小宽度/m	交通种类	最小宽度/m
单人	≥0.75	小轿车	2.00
自行车	0.6	消防车	2.06
三轮车	1.24	卡车	2.50
手扶拖拉机	0.84~1.5	大轿车	2.66

路基横断面图是用垂直于设计路线的剖切面进行剖切所得到的图形,作为计算土石方和路基施工依据。

路基横断面图一般有三种形式:填方段(称路堤)、挖方段(称路堑)和半填半挖路基。

路基横断面图一般用1∶50，1∶100，1∶200的比例。通常画在透明方格纸上，便于计算土方量。

图4-16所示为路基横断面示意图，沿道路路线一般每隔20m画一路基横断面图，沿着桩号从下到上，从左到右布置图形。

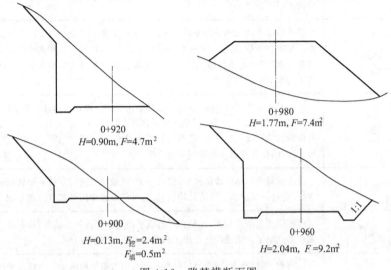

图4-16 路基横断面图

3. 铺装详图

铺装详图用于表达园路面层的结构和铺装图案。常见的园路路面有：花街路面（用砖、石板、卵石组成各种图案）、卵石路面、混凝土板路面、嵌草路面、雕刻路面等。

4. 园路工程施工图阅读

阅读园路工程施工图，应注意以下几点。

（1）图名、比例。

（2）了解道路宽度，广场外轮廓具体尺寸，放线基准点、基准线坐标。

（3）了解广场中心部位和四周标高，回转中心标高、高处标高。

（4）了解园路、广场的铺装情况，包括：根据不同功能所确定的结构、材料、形状（线型）、大小、花纹、色彩、铺装形式、相对位置、做法处理和要求。

（5）了解排水方向及雨水口位置。

第二节 园桥工程施工图

中国的自然山水园中，地形变化与水路相隔，非常需要桥来联系交通，沟通景区，组织游览路线。园桥的造型及选址要充分考虑其功能和所处环境的特点。

一、园桥的分类

园桥的造型形式很多，结构形式也有多种。在规划设计中，完全可以根据具体环境的特点来灵活地选配具有各种造型的园桥。

常见的园桥造型形式，归纳起来主要分类见表4-6。

表 4-6　园林的分类

序号	种类	说　明
1	平桥	平桥有木桥、石桥、钢筋混凝土桥等。桥面平整,结构简单,平面形状为一字形。桥边常不做栏杆或只做矮护栏。桥体的主要结构部分是石梁、钢筋混凝土直梁或木梁,也常见直接用平整石板、钢筋混凝土板做桥面而不用直梁的,如图 4-17 所示为上海世纪公园的木质平桥
2	平曲桥	平曲桥基本情况和一般平桥相同。桥的平面形状不为一字形,而是左右转折的折线形。根据转折数,可有三曲桥、五曲桥、七曲桥、九曲桥等。桥面转折多为 90°直角,但也可采用 120°钝角,还可用 150°转角。平曲桥桥面设计为低而平的效果最好,如图 4-18 所示为颐和园的界湖桥
3	拱桥	常见有石拱桥和砖拱桥,也有钢筋混凝土拱桥。拱桥是园林中造景用桥的主要形式,其材料易得。一般采用砖石或混凝土材料(见图 4-19、图 4-20)。价格便宜,施工方便。桥体的立面形象比较突出,造型可有很大变化,并且圆形桥孔在水面的投影也十分好看。因此,拱桥在园林中应用极为广泛
4	亭桥	在桥面较高的平桥或拱桥上,修建亭子,就做成亭桥。亭桥是园林水景中常用的一种景物,它既是供游人观赏的景物点,又是可停留其中向外观景的观赏点
5	廊桥	这种园桥与亭桥相似,也是在平桥或平曲桥上修建风景建筑,只不过其建筑是采用长廊的形式罢了。廊桥的造景作用和观景作用与亭桥一样
6	吊桥	以钢索、铁链为主要结构材料(在过去有用竹索或麻绳的),将桥面悬吊在水面上的一种园桥形式。这类桥吊起桥面的方式有两种。一种是全用钢索铁链吊起桥面,并作为桥边扶手。另一种是在上部用大直径钢管做成拱形支架,从拱形钢管上等距地垂下钢制缆索,吊起桥面。吊桥主要用在风景区的河面上或山沟上面
7	栈桥和栈道	架长桥为道路,是栈桥和栈道的根本特点。严格地讲,这两种园桥并没有本质上的区别,只不过栈桥更多的是独立设置在水面上或地面上,而栈道更多地依傍于山壁或岸壁
8	浮桥	将桥面架在整齐排列的浮筒(或舟船)上可构成浮桥。浮桥适用于水位常有涨落而又不便人为控制的水体中
9	汀步	这是一种没有桥面,只有桥墩的特殊的桥,或者也可说是一种特殊的路。是采用线状排列的步石、混凝土墩、砖墩或预制的汀步构件布置在浅水区、沼泽区、沙滩上或草坪上,形成的能够行走的通道,如图 4-21 所示为北京植物园盆景园的矩形汀步

图 4-17　上海世纪公园的木质平桥

图 4-18　颐和园的界湖桥

图 4-19 石拱桥

图 4-20 混凝土拱桥

图 4-21 北京植物园盆景的矩形汀步

二、园桥的建造原则与作用

1. 园桥的建造原则

在小水面上修建简易桥，不要超过 75cm 宽，由跨越在两岩的厚石板和桥墩组成，两边的地面要坚实、水平。桥墩可以突出，也可以沉入水面。

木制的小桥或栈桥尽管在视觉上力求美观，但首先要考虑其实用性。图 4-22 中木制的小桥或栈桥为游客们从另一个角度来观赏水景提供了机会。

任何桥梁或堤岸的建造必须要有一个牢固的桥基。这不仅对人们的安全通行是必要的，也保证了桥梁或栈桥的稳定性。如果桥基不够牢固，即使一座普通的小桥，受其自身重量的影响也会下陷。混凝土浇筑的桥基看起来更能经历风吹日晒。其理想的做法是：桥身用螺栓固定在埋于地下大约 60cm 的混凝土地基座上。混凝土地基座应在合适的地方浇筑好，在其还没干透时就把螺栓固定其上。

栈桥事实上是延展的小桥，帮助游客穿过比较大型开阔的水域。栈桥也可以是低矮而又交错间隔、十字形花样排列的木板铺设，引领游客驻足其上，欣赏一小型水景。小桥的支柱通常固定在两岸上，栈桥多用水中的支柱来支撑。

图 4-22 木制的小桥

修建栈桥支柱最简单的方法是直接把短短的一节一节的金属套筒与混凝土基座凝固在一起，或是用螺栓把金属支柱套固定到煤渣砌块上。安装时，把木支柱腿固定在金属套筒内，上面钉上用以支撑栈桥表面木板的横梁。如果在衬砌水池中修建这样的支柱，支柱下面一定要铺上一层厚厚的绒头织物衬垫以免损坏衬垫。

在修建木桥或栈桥时，一定要考虑厚木板的排列方式。一般情况下，如果木板从河岸一端向另一端纵长排列，可能会迅速穿过小桥；如果木板是纵横交错、间隔排列，人很有可能在小桥上留恋徘徊，驻足观赏水面那悠然风光。

2. 园桥的作用

只要园林中有小河、溪流或其他水面，人们就自然而然有一种渴望：架一座小桥横跨其上，换一个角度来欣赏这迷人的湖光山色。

站在图 4-22 所示的桥上，自上而下欣赏脚下的水景，给人一种飘飘欲仙的感觉。图 4-23 所示拱桥可以提供一条穿过小河或溪流的通道，但要穿过一片开阔的水域或沼泽湿地，则需要架起栈桥。这些小桥非常简洁，而正是这种简洁明快赋予它们独特的魅力。一块线条粗犷的石板，或一大块厚而结实的木板，横跨小河或溪流之上，就成为一座简易稳固的桥梁，可以通往心驰神往的彼岸。

图 4-23 拱桥

图 4-24 原木桥

另外，桥本身就是园林中的一道风景，为庭园平添不少情趣。桥可以联系交通，沟通景区，组织游览路线，更以其造型优美形式多样成为园林中重要造景小品之一。大型水景庭园多用土桥、曲桥和多架桥；小型庭园则用石桥、平桥和单架桥为多。石梁可表现深山谷涧，木桥可表现荒村野渡，石桥则表现田园景象。小庭园中的桥构成较简单，多为一石飞架南北，也有两块石板并列的，其两端各左右两个守桥石。

在规划设计桥时，桥应与园林道路系统配合、方便交通；联系游览路线与观景点；注意水面的划分与水路通行与通航；组织景区分隔与联系的关系。图4-24所示为一座相当简易的而且有野趣的桥，完全由自然的原材料建成，令人不禁想去探险。

三、桥的结构与构造

园林工程中常见的拱桥有钢筋混凝土拱桥、石拱桥、双曲拱桥、单孔平桥等，在本节中主要介绍石拱桥与单孔平桥。

1. 小石拱桥

石拱桥可修筑成单孔或多孔的，如图4-25所示为小石拱桥构造示意图。

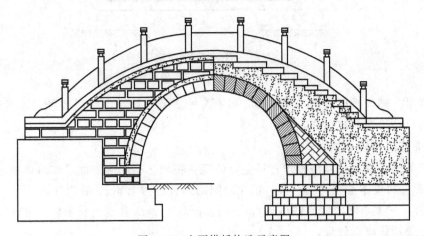

图4-25　小石拱桥构造示意图

单孔拱桥主要由拱圈、拱上构造和两个桥台组成。拱圈是拱桥主要的承重结构。拱圈的跨中截面称为拱顶，拱圈与桥台（墩）连接处称为拱脚或起拱面。拱圈各幅向截面的形心连线称为拱轴线。当跨径小于20m时，采用圆弧线，为林区石拱桥所多见；当跨径大于或等于20m时，则采用悬链线形。拱圈的上曲面称为拱背，下曲面称为拱腹。起拱面与拱腹的交线称为起拱线。在同一拱圈中，两起拱线间的水平距离称为拱圈的净跨径（L_0），拱顶下缘至两起拱线连线的垂直距离称为拱圈的净矢高（f_0），矢高与跨径之比（f_0/L_0）称为矢跨比（又称拱矢度），是影响拱圈形状的重要参数。

拱圈以上的构造部分叫做拱上构造，由侧墙、护拱、拱腔填料、排水设施、桥面、檐石、人行道、栏杆、伸缩缝等结构组成。

2. 单孔平桥

如图4-26所示为单孔平桥构造示意图。

四、园桥施工

不管修建的是哪种类型的桥，安全第一。首先，必须保证桥墩足够结实，并且被牢固地

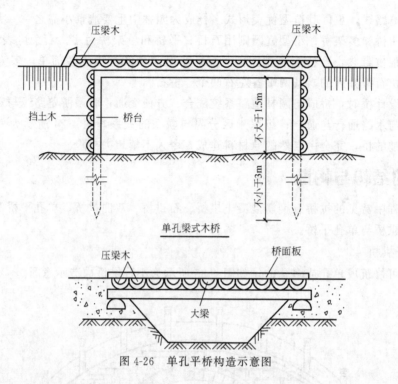

图 4-26 单孔平桥构造示意图

固定在地基里。如果桥面是用木头做的,那木头一定要足够结实,且要经过通身防腐处理,不要使用具有污染性的木馏油。

1. 园桥施工步骤

(1) 准备施工材料 园桥施工材料主要体现在桥墩、桥面两方面,其具体要求如下:

① 桥墩。两块体量较大的石头,预先浇制的约直径为 $4.5cm^2$ 的栏杆。

② 桥面。一大块厚木板,铁道砧木,一整块至少 10cm 宽幅的长木板、水泥、螺钉。所有的木头上要用防腐剂处理。

(2) 挖掘 挖掘至深层土,大约要在地面线以下 60cm,每边要比桥墩大 15cm 左右。

(3) 安装桥墩 桥墩可以突出地面,也可以沉于地面,检查它们是否水平,是否在一条直线上,用水泥将桥墩固定,当水泥干了之后,用 10~15cm 的回填土封顶。

(4) 修建桥身 用大约 1.25cm 厚的水泥浆石板、铁道砧木或木板固定在两端的桥墩上。

(5) 安装扶栏 根据设计,选用适合的木材作为栏杆,这些都要事先经过防腐处理,选用那些长 90~120cm,截面 $10cm^2$ 的圆木或方木作为栏杆。为每根栏杆挖一个深约 45cm 的洞,用水泥固定,回填 10~15cm 的土封顶,按照标定的高度用螺钉固定扶栏。为了避免表面打滑,在适当的位置钉上金属网,如果桥身是石头做的,那么要经常清洗,避免水藻的生长。如果水特别深的话或者家里有老人和小孩子,那么安全结实的栏杆和扶栏将更为重要。

2. 园桥基础施工

(1) 基础与拱碹工程施工

① 模板安装。模板是施工过程中的临时性结构,对梁体的制作十分重要。桥梁工程中常用空心板梁的木制芯模构造。

模板在安装过程中，为避免壳板与混凝土黏结，通常均需在壳板面上涂以隔离剂，如石灰乳浆、肥皂水或废机油等。

② 钢筋成型绑扎。在钢筋绑扎前要先拟定安装顺序。一般的梁肋钢筋，先放箍筋，再安下排主筋，后装上排钢筋。

③ 混凝土搅拌。混凝土一般应采用机械搅拌，上料的顺序一般是先石子，次水泥，后砂子。人工搅拌只许用于少量混凝土工程的塑性混凝土或硬性混凝土。不管采用机械或人工搅拌，都应使石子表面包满砂浆、拌合料混合均匀、颜色一致。人工拌和应在铁板或其他不渗水的平板上进行，先将水泥和细骨料拌匀，再加入石子和水，拌至材料均匀、颜色一致为止，如需掺外加剂，应先将外加剂调成溶液，再加入水中拌和，与其他材料拌匀。

④ 浇捣。当构件的高度（或厚度）较大时，为了保证混凝土能振捣密实，就应采用分层浇筑法。浇筑层的厚度与混凝土的稠度及振捣方式有关，在一般稠度下，用插入式振捣器振捣时，浇筑层厚度为振捣器作用部分长度的1.25倍；用平板式振捣器时，浇筑厚度不超过20cm。薄腹T梁或箱形的梁肋，当用侧向附着式振捣器振捣时，浇筑层厚度一般30~40cm。采用人工捣固时，视钢筋密疏程度，通常取浇筑厚度为15~25cm。

⑤ 养护。在混凝土终凝后，在构件上覆盖草袋、麻袋、稻草或砂子，经常洒水，以保持构件经常处于湿润状态。这是5℃以上桥梁施工的自然养护。

⑥ 灌浆。石活安装好后，先用麻刀灰对石活接缝进行勾缝（如缝子很细，可勾抹油灰或石膏）以防灌浆时漏浆。灌浆前最好先灌注适量清水，以湿润内部空隙，有利于灰浆的流动。灌浆应在预留的"浆口"进行，一般分三次灌入，第一次要用较稀的浆，后两次逐渐加稠，每次相隔3~4h。灌完浆后，应将弄脏的石面洗刷干净。

(2) 细石安装

① 石活连接方法。石活的连接方法一般有三种，即构造连接、铁件连接和灰浆连接。

构造连接是指将石活加工成公母榫卯、做成高低企口的"磕绊"、剔凿成凸凹仔口等形式，进行相互咬合的一种连接方式。

铁件连接是指用铁制拉接件，将石活连接起来，如铁"拉扯"、铁"银锭"、铁"扒锔"等。铁"拉扯"是一种长脚丁字铁，将石构件打凿成丁字口和长槽口，埋入其中，再灌入灰浆。铁"银锭"是两头大，中间小的铁件，需将石构件剔出大小槽口，将银锭嵌入。铁"扒锔"是一种两脚扒钉，将石构件凿眼钉入。

灰浆连接是最常用的一种方法，即采用铺垫坐浆灰、灌浆汁或灌稀浆灰等方式，进行砌筑连接。灌浆所用的灰浆多为桃花浆、生石灰浆或糯米浆。

② 细石安装施工。

a. 砂浆。一般用水泥砂浆，指水泥、砂、水按一定比例配制成的浆体。对于配制构件的接头、接缝加固、修补裂缝应采用膨胀水泥。运输砂浆时，要保证砂浆具有良好的和易性，和易性良好的砂浆容易在粗糙的表面抹成均匀的薄层，砂浆的和易性包括流动性和保水性两个方面。

b. 金刚墙。金刚墙是指券脚下的垂直承重墙，即现代的桥墩，又叫"平水墙"。梢孔（即边孔）内侧以内的金刚墙一般做成分水尖形，故称为"分水金刚墙"。梢孔外侧的叫"两边金刚墙"。

c. 碹石。碹石古时多称券石，在碹外面的称碹脸石，在碹脸石内的叫碹石，主要是加工面的多少不同，碹脸石可雕刻花纹，也可加工成光面。

d. 檐口和檐板。建筑物屋顶在檐墙的顶部位置称檐口。钉在檐口处起封闭作用的板称为檐板。

e. 型钢。型钢指断面呈不同形状的钢材的统称。断面呈 L 形的叫角钢，呈 U 形的叫槽钢，呈圆形的叫圆钢，呈方形的叫方钢，呈工字形的叫工字钢，呈 T 形的叫 T 字钢。

将在炼钢炉中冶炼后的钢水注入锭模，烧铸成柱状的是钢锭。

(3) 混凝土构件　混凝土构件制作的工程内容有模板制作、安装、拆除、钢筋成型绑扎、混凝土搅拌运输、浇捣、养护等全过程。

① 模板制作。木模板配制时要注意节约，考虑周转使用以及以后的适当改制使用；配制模板尺寸时，要考虑模板拼装结合的需要；拼制模板时，板边要找平刨直，接缝严密，不漏浆；木料上有节疤、缺口等疵病的部位，应放在模板反面或者截去，钉子长度一般宜为木板厚度的 2～2.5 倍；直接与混凝土相接触的木模板宽度不宜大于 20cm；工具式木模板宽度不宜大于 15cm；梁和板的底板，如采用整块木板，其宽度不加限制；混凝土面不做粉刷的模板，一般宜刨光；配制完成后，不同部位的模板要进行编号，写明用途，分别堆放，备用的模板要遮盖保护，以免变形。

② 模板的拆除。模板安装主要是用定型模板和配制以及配件支承件根据构件尺寸拼装成所需模板。及时拆除模板，将有利于模板的周转和加快工程进度，拆模要把握时机，应使混凝土达到必要的强度。拆模时要注意以下几点：

a. 拆模时不要用力过猛过急，拆下来的木料要及时运走、整理；

b. 拆模程序一般是后支的先拆，先支的后拆，先拆除非承重部分，后拆除承重部分，重大复杂模板的拆除，事先应预先制订拆模方案；

c. 定型模板，特别是组合式钢模板要加强保护，拆除后逐块传递下来，不得抛掷，拆下后，即清理干净，板面涂油，按规格堆放整齐，以利于再用。如背面油漆脱落，应补刷防锈漆。

3. 桥面工程施工

桥面指桥梁上构件的上表面，其布置要求通常为线型平顺，与路线顺利搭接。桥梁平面布置应尽量采用正交方式，避免与河流或桥上路线斜交。若受条件限制时，跨线桥斜度不宜超过 15°，在通航河流上不宜超过 15°。

梁桥的桥面通常由桥面铺装、防水和排水设施、伸缩缝、栏杆等构成。

(1) 桥面铺装　桥面铺装的作用是防止车轮轮胎或履带直接磨耗行车道板；保护主梁免受雨水浸蚀，分散车轮的集中荷载。因此桥面铺装的要求是：具有一定强度，耐磨，防止开裂。

桥面铺装一般采用水泥混凝土或沥青混凝土，厚 6～8cm，混凝土强度等级不低于行车道板混凝土的强度等级。在不设防水层的桥梁上，可在桥面上铺装厚 8～10cm 有横坡的防水混凝土，其强度等级亦不低于行车道板的混凝土强度等级。

(2) 桥面排水和防水　桥面排水是借助于纵坡和横坡的作用，使桥面水迅速汇向集水碗，并从泄水管排出桥外。横向排水是在铺装层表面设置 1.5‰～2‰ 的横坡，横坡的形成通常是铺设混凝土三角垫层构成，对于板桥或就地建筑的肋梁桥，也可在墩台上直接形成横坡，而做成倾斜的桥面板。

当桥面纵坡大于2%而桥长小于50m时，桥上可不设泄水管，而在车行道两侧设置流水槽以防止雨水冲刷引道路基，当桥面纵坡大于2%但桥长大于50m时，应沿桥长方向12～15m设置一个泄水管，如桥面纵坡小于2%，则应将泄水管的距离减小至6～8m。

桥面防水是将渗透过铺装层的雨水挡住并汇集到泄水管排出。一般可在桥面上8～10cm厚的防水混凝土，其强度等级一般不低于桥面板混凝土强度等级。当对防水要求较高时，为了防止雨水渗入混凝土微细裂纹和孔隙，保护钢筋时，可以采用"三油三毡"防水层。

（3）伸缩缝　为了保证主梁在外界变化时能自由变形，就需要在梁与桥台之间，梁与梁之间设置伸缩缝（也称变形缝）。伸缩缝的作用除保证梁自由变形外，还能使车辆在接缝处平顺通过，防止雨水及垃圾泥土等渗入，其构造应方便施工安装和维修。

常用的伸缩缝有：U形镀锌薄钢板式伸缩缝、钢板伸缩缝、橡胶伸缩缝。

（4）桥梁支座　梁桥支座的作用是将上部结构的荷载传递给墩台，同时保证结构的自由变形，使结构的受力情况与计算简图相一致。

梁桥支座一般按桥梁的跨径、荷载等情况分为：简易垫层支座、弧形钢板支座、钢筋混凝土摆柱、橡胶支柱。桥面的一般构造详见图4-27所示。

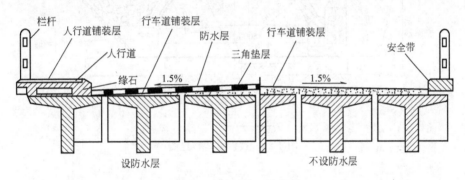

图4-27　桥面的一般构造

五、园桥施工图阅读

1. 总体布置图

如图4-28所示是一座单孔实腹式钢筋混凝土和块石结构的拱桥总体布置图。

（1）平面图　平面图一半表达外形，一半采用分层局部剖面表达桥面各层构造。平面图还表达了栏杆的布置和檐石的表面装修要求。

（2）立面图　立面图采用半剖，主要表达拱桥的外形、内部构造、材料要求和主要尺寸。

2. 构件详图与说明

在拱桥工程图中，栏杆望柱、抱鼓石、桥心石等都应画大样图表达它们的样式。

用文字注写桥位所在河床的工程地质情况，也可绘制地质断面图，还应注写设计标高、矢跨比、限载吨位以及各部分的用料要求和施工要求等。

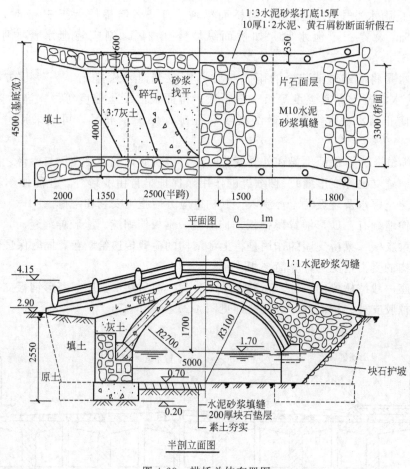

图 4-28 拱桥总体布置图

第三节 假山工程施工图

假山是中国古典园林中不可缺少的构成要素之一，也是中国古典园林最具民族特色的一部分，作为园林的专项工程之一，已成为中国园林的象征。所谓"假山"，彭一刚先生在《中国古曲园林分析》中做了阐述："园林中的山石是对自然山石的艺术摹写"。为此，又常称"假山"，它不仅师法于自然，且还凝聚着造园家的艺术创造。

一、假山的类型与作用

1. 假山的类型

（1）按在园林中的位置和用途可分为园山、厅山、楼山、阁山、书房山、池山、室内山、壁山和兽山。

（2）按假山的组合形态分为山体和水体，山体包括峰、峦、顶、岭、谷、壑、岗、壁、岩、岫、洞、坞、麓、台、磴道和栈道；水体包括泉、瀑、潭、溪、涧、池、矶和汀石等。山水宜结合一体，才相得益彰。

2. 假山的作用

（1）骨架功能。利用假山形成全园的骨架，现存的许多中国古代园林莫不如此。整个园子的地形骨架、起伏、曲折皆以假山为基础来变化。

（2）空间功能。利用假山，可以对园林空间进行分隔和划分，将空间分成大小不同、形状各异、富于变化的形态。通过假山的穿插、分隔、夹拥、围合、聚汇，在假山区可以创造出路的流动空间、山坞的闭合空间、峡谷的纵深空间、山洞的拱穹空间等各具特色的空间形式。

（3）造景功能。假山景观是自然山地景观在园林中的再现。自然界奇峰异石、悬崖峭壁、层峦叠嶂、深峡幽谷、泉石洞穴、海岛石礁等景观形象，都可以通过假山石景在园林中再现出来。

（4）工程功能。用山石作驳岸、挡土墙、护坡和花台等。在坡度较陡的土山坡地常散置山石以护坡，这些山石可以阻挡和分散地面径流，降低地面径流的流速，从而减少水土流失。

（5）使用功能。可以用假山作为室内外自然式的家具或器设。如石屏风、石榻、石桌、石几、石凳、石栏等，既不怕日晒夜露，又可结合造景。

二、假山的材料与山石采运

1. 常见假山的材料

常见假山的材料见表 4-7 和图 4-29 所示。

表 4-7 常见假山的材料

山石种类		产地	特征	园林用途
湖石	太湖石	江苏太湖	质坚石脆，纹理纵横，脉络显隐，沟、缝、穴、洞遍布，色彩较多，为石中精品	掇山、特置
	房山石	北京房山	石灰暗，新石红黄，日久变灰黑色、质韧，也有太湖石的一些特征	掇山、特置
	英石	广东英德县	质坚石脆，淡青灰色，扣之有声	岭南一带掇山及几案品石
	灵璧石	安徽灵璧县	灰色清润，石面坳坎变化，石形千变万化	山石小品，及盆品石之王
	宣石	安徽宁国县	有积雪般的外貌	散置、群置
黄石		产地较多，常熟、常州、苏州等地皆产	体形顽劣，见棱见角，节理面近乎垂直，雄浑、沉实	掇山、置石
青石		北京西郊洪山	多呈片状，有交叉互织的斜纹理	掇山、筑岸
石笋	白果笋	产地较多	外形修长，形如竹笋	常作独立小景
	乌炭笋			
	慧剑			
	钟乳石			
其他类型		各地	随石类不同而不同	掇山、置石

2. 山石的采运方式

(1) 单块山石。单块山石是指以单体的形式存在于自然界的石头。它因存在的环境和状态不同又有许多类型。对于半埋在土中的山石，有经验的假山师傅只用手或铁器轻击山石，便可从声音中大致判断山石埋的深浅，以便决定取舍，并用适宜掘取的方法采集，这样既可以保持山石的完整又可以不太费工力。如果是现在在绿地置石中用得越来越多的卵石，则直接用人工搬运或用吊车装载。

(2) 整体的连山石或黄石、青石。这类山石一般质地较硬，采集起来不容易，在实际中最好采取凿掘的方法，把它从整体中分离出来，也可以采取爆破的方法，这种方法不仅可以收到事半功倍的效果，而且可以得到理想的石形。一般凿眼时，上孔直径5cm，孔深25cm。可以炸成每块0.5～1t，有少量更大一些；不可炸得太碎，否则观赏价值降低，不便施工。

(3) 湖石、水秀石。湖石、水秀石为质脆或质地松软的石料，在采掘过程中则把需要的部分开槽先分割出来，并尽可能缩小分离的剖面。在运输中应尽量减少大的撞击、震动，以免损伤需要的部分。对于较脆的石料，特别是形态特别的湖石在运输的过程中，需要对重点部分，或全部用柔软的材料填塞、衬垫，最后用木箱包装。

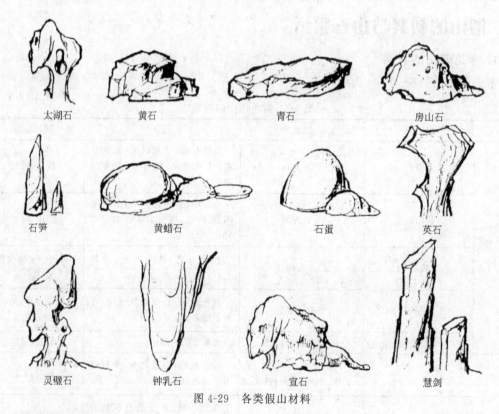

图4-29 各类假山材料

三、假山的基本结构

假山的造型变化万千，一般经过选石、采运、相石、立基、拉底、堆叠中层和结顶等工序叠砌而成。其基本结构与建造房屋有共通之处，可分为以下三大部分。

1. 基础

假山的基础如同房屋的根基，是承重的结构。因此，无论是承载能力，还是平面轮廓的设计都非常重要。基础的承载能力是由地基的深浅、用材、施工等方面决定的。地基的土壤种类不同，承载能力也不同。岩石类，50~400t/m²；碎石土，20~30t/m²；砂土类10~40t/m²；黏性土，8~30t/m²；杂质土承载力不均匀，必须回填好土。根据假山的高度，确定基础的深浅，由设计的山势、山体分布位置等确定基础的大小轮廓。假山的重心不能超出基础之处，重心偏离铅重线，稍超越基础，山体倾斜时间长了，就会倒塌。

现在的假山基础多用浆砌水泥或混凝土结构。这类基础承载能力大，能耐强大的压力，施工速度较快。在基土坚实的情况下可采用素土槽浇灌混凝土，开槽时，在实际基础50~60cm开挖，槽深50~60cm。混凝土的厚度在陆地上为10~20cm，在水中为50~60cm。假山超过2m时，可以酌情增厚。混凝土强度等级，陆地上不低于C10，水泥、砂子和卵石混合的质量比为1:2:(4~6)。水中假山基础采用C15水泥砂浆砌块石或C20素混凝土作基础。

2. 中层

假山的中层指底石之上、顶层以下的部分，这部分体量大，占据了假山相当一部分高度，是人们最容易看到的地方。

3. 顶层

最顶层的山石部分。外观上，顶层起着画龙点睛的作用，一般有峰、峦和平顶三种类型。

（1）峰。剑立式，上小下大，有竖直而挺拔高耸之感；斧立式上大下小，如斧头倒立，稳重中存在在险意；斜壁式，上小下大，斜插如削，势如山岩倾斜，有明显动势。

（2）峦。山头比较圆缓的一种形式，柔美的特征比较突出。

（3）平顶。山顶平坦如盖，或如卷云、流云。这种假山整体上大下小，横向挑出，如青云横空，高低参差。

四、假山工程施工

1. 假山施工技术要求

（1）一般规定

① 施工前应由设计单位提供完整的假山叠石工程施工图及必要的文字说明，进行设计交底。

② 施工人员必须熟悉设计，明确要求，必要时应根据需要制作一定比例的假山模型小样，并审定确认。

③ 根据设计构思和造景要求对山石的质地、纹理、石色进行挑选，山石的块径、大小、色泽应符合设计要求和叠山需要。湖石形态宜"透、漏、皱、瘦"，其他种类山石形态宜"平、正、角、皱"。各种山石必须坚实，无损伤、裂痕，表面无剥落。特殊用途的山石可用墨笔编号标记。

④ 山石在装运过程中，应轻装、轻卸，有特殊用途的山石要用草包、木板围绑保护，防止磕碰损坏。

（2）山石质量要求

① 假山叠石工程常用的自然山石，如太湖石、黄石、英石、斧劈石、石笋石及其他各类山石的块面、大小、色泽应符合设计要求。

② 孤赏石、峰石的造型和姿态，必须达到设计构思和艺术要求。

③ 施工前，应先进行选石，对山石的质地、纹理、石色按同类集中的原则进行清理、挑选、堆放，不宜混用。选用的假山石必须坚实、无损伤、无裂痕，表面无剥落。

④ 施工前，必须对施工现场的假山石进行清洗，除去山石表面积土、尘埃和杂物。

(3) 山石的运输与装卸

① 假山石在装运过程中，应轻装、轻卸。

② 特殊用途的假山石，如孤赏石、峰石、斧劈石、石笋等，要轻吊、轻卸；在运输时，应用草包、草绳绑扎，防止损坏。

③ 假山石运到施工现场后，应进行检查，凡有损伤或裂缝的假山石不得作面掌石使用。

(4) 假山施工安全要求

① 操作前对施工人员应进行安全技术交底，增强自我保护意识，严格执行安全操作规程。

② 施工人员应按规定着装，佩戴劳动保护用品，穿胶底防滑铁包头保护皮鞋。

③ 山石吊装前应认真检查机具吊索、绑扎位置、绳扣、卡子，发现隐患立即更换。

④ 山石吊装应由有经验的人员操作，并在起吊前进行试吊，五级风以上及雨中禁止吊装。

⑤ 垫刹时，应由起重机械带钩操作，脱钩前必须对山石的稳定性进行检查，松动的垫刹石块必须背紧背牢。

⑥ 山石打刹垫稳后，严禁撬移或撞击搬动刹石，已安装好但尚未灌浆填实或未达到70%强度前的半成品，严禁任何非操作人员攀登。

⑦ 高度6m以上的假山，应分层施工，避免由于荷载过大造成事故。

⑧ 脚手架和垂直运输设备的搭设，应符合有关规范要求。

2. 假山施工准备

(1) 选料与施工用具　假山施工前，应根据假山的设计，确定石料，并运抵施工现场，根据山石的尺度、石形、山石皱纹、石态、石质、颜色选择石料，同时准备好水泥、石灰、砂石、钢丝、铁爬钉、银锭扣等辅助材料以及倒链、支架、铁吊架、铁扁担、桅杆、撬棒、卷扬机、起重机、绳索等施工工具，并应注意检查起重用具的安全性能，以确保山石吊运和施工人员安全。

(2) 审阅图纸　假山定位放样前要将假山工程设计图的意图看懂摸透，掌握山体形式和基础的结构。为了便于放样，要在平面图上按一定的比例尺寸，依工程大小或平面布置复杂程度，采用2m×2m或5m×5m或10m×10m的尺寸画出方格网，以其方格与山脚轮廓线的交点作为地面放样的依据。

(3) 实地放样　在设计图方格网上，选择一个与地面有参照的可靠固定点，作为放样定位点，然后以此点为基点，按实际尺寸在地面上画出方格网；并对应图纸上的方格和山脚轮廓线的位置，放出地面上的相应的白灰轮廓线。

为了便于基础和土方的施工，应在不影响堆土和施工的范围内，选择便于检查基础尺寸的有关部位，如假山平面的纵横中心线、纵横方向的边端线、主要部位的控制线等位置的两端，设置龙门桩或埋地木桩，以便在挖土或施工时的放样白线被挖掉后，作为测量尺寸或再次放样的基本依据点。

3. 假山基础施工

根据放样位置进行基础开挖，开挖应至设计深度。如遇流砂、疏松层、暗浜或异物等，应由设计单位作变更设计后，方可继续施工。基础表面应低于近旁土面或路面。

基础的施工应按设计要求进行，通常假山基础有浅基础、深基础、桩基础等。

(1) 浅基础施工　浅基础是在原地形上略加整理、符合设计地貌后经夯实后的基础。此类基础可节约山石材料，但为符合设计要求，有的部位需垫高，有的部位需挖深以造成起伏。这样使夯实平整地面工作变得较为琐碎。对于软土、泥泞地段，应进行加固或渍淤处理，以免日后基础沉陷。此后，即可对夯实地面铺筑垫层，并砌筑基础。

(2) 深基础施工　深基础是将基础埋入地面以下的基础，应按基础尺寸进行挖土，严格掌握挖土深度和宽度，一般假山基础的挖土深度为 50～80cm，基础宽度多为山脚线向外 50cm。土方挖完后夯实整平，然后按设计铺筑垫层和砌筑基础。

(3) 桩基础施工　桩基础多为短木桩或混凝土桩，打桩位置、打桩深度应按设计要求进行，桩木按梅花形排列，称"梅花桩"。桩木顶端可露出地面或湖底 10～30cm，其间用小块石嵌紧嵌平，再用平正的花岗石或其他石材铺一层在顶上，作为桩基的压顶石或用灰土填平夯实。混凝土桩基的做法和木桩桩基一样，也有在桩基顶上设压顶石与设灰土层的两种做法。

基础施工完成后，要进行第二次定位放线。在基础层的顶面重新绘出假山的山脚线。并标出高峰、山岩和其他陪衬山的中心点和山洞洞桩位置。

4. 假山山体施工

(1) 基本要求

① 假山艺术形态要求山体美观、自然，符合自然山水景观形成的一般规律，达到"虽由人做，宛如天成"的效果。

② 操作质量要求外观整体感好，结构稳定，填馅灌浆或灌混凝土饱满密实，勾缝自然、无遗漏。

③ 假山施工具有再创造的特点。在大中型的假山工程中，既要根据假山设计图进行定点放线以便控制假山各部分的立面形象及尺寸关系，又要根据所选用石材的形状、大小、颜色、皴纹特点以及相邻、相对、遥对、互映位置、石材的局部和整体感观效果。

④ 在细部的造型和技术处理上有所创造，有所发挥。小型的假山工程和石景工程有时可不进行设计，而是在施工中临场发挥。

(2) 假山山脚施工　假山山脚是直接落在基础之上的山体底层，包括拉底、起脚和做脚等施工内容。

① 拉底的方式。拉底是指用山石做出假山底层山脚线的石砌层，即在基础上铺置最底层的自然山石。拉底的方式有满拉底和线拉底两种，具体规定如下：

a. 满拉底是将山脚线范围之内用山石满铺一层。这种方式适用于规模较小、山底面积不大的假山，或者有冻胀破坏的北方地区及有振动破坏的地区。

b. 线拉底是按山脚线的周边铺砌山石，而内空部分用乱石、碎砖、泥土等填补筑实。这种方式适用于底面积较大的大型假山。

② 拉底施工

拉底应用大块平整山石，坚实、耐压，不允许用风化过度的山石。底层山脚石应选择大小合适、不易风化的山石，拉底山石高度以一层大块石为准，有形态的好面应朝外，注意错缝（垂直与水平两个方向均应照顾到）。

每安装一块山石，即应将刹垫稳，然后填陷，如灌浆应先填石块，如灌混凝土混凝土则应随灌随填石块，山脚垫刹的外围，应用砂浆或混凝土包严。北方多采用满拉底石的做法。

各山石之间要紧密咬合。每块山脚石必须垫平垫实,不得有丝毫摇动。拉底的边缘要错落变化,避免做成平直和浑圆形状的脚线。

③ 起脚施工。拉底之后,开始砌筑假山山体的首层山石层叫"起脚"。起脚时,定点、摆线要准确,先选到山脚突出点的山石,并将其沿着山脚线先砌筑上,待多数主要的凸出点山石都砌筑好了,再选择和砌筑平直线、凹进线处所用的山石。这样,既保证了山脚线按照设计而成弯曲转折状,避免山脚平直的毛病,又使山脚突出部位具有最佳的形状和最好的皴纹,增加了山脚部分的景观效果。

④ 做脚施工。做脚,就是用山石砌筑成山脚,它是在假山的上面部分山形山势大体施工完成以后,于紧贴起脚石外缘部分拼叠山脚,以弥补起脚造型不足的一种操作技法。所做的山脚石起脚边线的做法常用的有:点脚法、连脚法和块面法。

a. 点脚法。即在山脚边线上,用山石每隔不同的距离作墩点,用片块状山石盖于其上,做成透空小洞穴,如图 4-30(a) 所示。这种做法多用于空透型假山的山脚。

b. 连脚法。即按山脚边线连续摆砌弯弯曲曲、高低起伏的山脚石,形成整体的连线山脚线,如图 4-30(b) 所示。这种做法各种山形都可采用。

c. 块面法。即用大块面的山石,连线摆砌成大凸大凹的山脚线,使凸出凹进部分的整体感都很强,如图 4-30(c) 所示。这种做法多用于造型雄伟的大型山体。

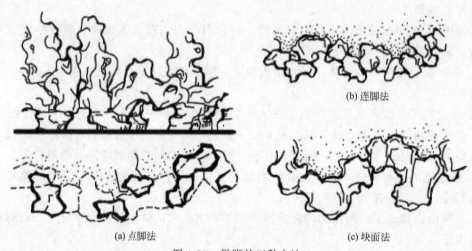

图 4-30 做脚的三种方法

(3) 山石吊装与运输　吊装与运输是假山叠石工程中一项重要的操作技术。

零星山石起吊主要运用起吊木架、滑轮和绞盘或吊链组成不同起吊机构,结合人力进行起重。由于石材体量不一,常用的起吊构架有秤杆、滑车、龙门扒杆等。工程量较大时宜采用机械吊车施工。

水平运输大致可分大搬运、小搬运及走石三个阶段。大搬运是从采石地点运到施工堆料场;小搬运是从堆料地点运到叠筑假山的大致位置上;走石是指在叠筑时使山石作短距离的平移或转动。大搬运一般采用汽车机械运输,小搬运中常用人工抬运。

(4) 山石堆叠施工　山体施工时,应按设计要求采用不同的堆叠方法有安、榫、连、扎、接、填、补、斗、缝、垫、挎、拼等一系列方法。

① 安。是安置山石的总称。放置一块山石叫"安"一块山石,特别强调山石放下去要安稳。安可分为单安、双安和三安。双安指在两块不相连的山石上面安一块山石,下断上

连，构成洞、岫等变化。三安则是在三块山石上安一石，使之成为一体。安石要"巧"。形状普通的山石，经过巧妙的组合，可以明显提高观赏性，如图4-31所示。

② 榫。是以石加工成榫拼接，如图4-32所示。

③ 连。山石之间水平方向的连接，称为"连"。按照假山的要求，高低参差，错落相连。连石时，一定要按照假山的皴纹分布规律，沿其方向依次进行，注意山石的呼应、顺次、对比等关系，如图4-33所示。

④ 扎。是将石穿扎或捆扎，如图4-34所示。

图4-31 安

图4-32 榫

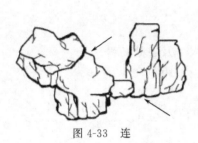

图4-33 连

图4-34 扎

⑤ 支撑。山石吊装到山体一定位点上，经过调整后，可使用木棒支撑将山石固定在一定的状态，使山石临时固定下来。以木棒的上端顶着山石的凹处，木棒的下端则斜着落在地面，并用一块石头将棒脚压住（见图4-35）。一般每块山石都要用24根木棒支撑。此外铁棍或长形山石，也可作为支撑材料。

⑥ 捆扎。山石的固定，还可采用捆扎的方法（见图4-35）。山石捆扎固定一般采用8号或10号钢丝。用单根或双根钢丝做成圈，套上山石，并在山石的接触面垫上或抹上水泥砂浆后再进行捆扎。捆扎时钢丝圈先不必收紧，应适当松一点；然后再用小钢钎（錾子）将其绞紧，使山石固定，此方法适用于小块山石，对大块山石应以支撑为主。

（5）山石勾缝和胶结

图4-35 山石捆扎与支撑

① 结构材料。古代假山结合材料主要是以石灰为主，用石灰作胶结材料时，为了提高石灰的胶合性并加入一些辅助材料，配制成纸筋石灰、明矾石灰、桐油石灰和糯米浆拌石灰等。纸筋石灰凝固后硬度和韧性都有所提高，且造价相对较低。桐油石灰凝固较慢，造价高，但黏结性能良好，凝固后很结实，适宜小型石山的砌筑。明矾石灰和糯米浆石灰的造价较高，凝固后的硬度很大，黏结牢固，是较为理想的胶合材料。

现代假山施工基本上全用水泥砂浆或混合砂浆来胶合山石。水泥砂浆的配制，是用普通灰色水泥和粗砂，按 1：(1.5～2.5) 比例加水调制而成的，主要用来黏合石材、填充山石缝隙和为假山抹缝。有时，为了增加水泥砂浆的和易性和对山石缝隙的充满度，可以在其中加进适量的石灰浆，配成混合砂浆。

② 胶结操作要点。胶结用水泥砂浆要现配现用；待胶合山石石面应事先刷洗干净。待胶合山石石面应都涂上水泥砂浆（混合砂浆），并及时互贴合、支撑捆扎固定。胶合缝应用水泥砂浆（混合砂浆）补平填满。胶合缝与山石颜色相差明显时，应用水泥砂浆（混合砂浆硬化前）对胶合缝撒布同色山石粉或砂子进行变色处理。湖石勾缝再加青煤，黄石勾缝后刷铁屑盐卤，使缝的颜色与石色相协调。

五、假山工程施工图识读

为了清楚地反映假山设计，便于指导施工，通常要作假山施工图。假山施工图是指导假山施工的技术性文件，通常一幅完整的假山施工图主要包括平面图、剖面图、立面图、做法说明与预算等部分。

1. 假山施工平面图

（1）内容

① 假山的平面位置、尺寸。

② 山峰、制高点、山谷、山洞的平面位置、尺寸及各处高程。

③ 假山附近地形及建筑物、地下管线及与山石的距离。

④ 植物及其他设施的位置、尺寸。

⑤ 图纸的比例尺一般为 1：(20～50)，度量单位为 mm。

（2）绘制要求

① 画出定位轴线。画出定位轴线和直角坐标网格，为绘制各高程位置的水平面形状及大小提供绘图控制基准。

② 画出平面形状轮廓线。底面、顶面及其间各高程位置的水平面形状，根据标高投影法绘图，但不注明高程数字。

③ 检查底图，并描深图形。在描深图形时，对山石的轮廓应根据前面讲述的山石的表示方法加深，其他图线用细实线表示。

④ 注写有关数字和文字说明。注明直角坐标网格的尺寸数字和有关高程，注写轴线编号、剖切线、图名、比例及其他有关文字说明和朝向。

⑤ 检查并完成全图。

2. 假山施工立面图

立面图是在与假山立面平行的投影面所作的投影图。立面图是表示假山的造型及气势最好的施工图，一般也可绘制出类似造型效果图的示意图或效果图代替。

（1）内容

① 假山的层次、配置形式。
② 假山的大小及形状。
③ 假山与植物及其他设备的关系。
(2) 绘制要求
① 画出定位轴线，并画出以长度方向尺寸为横坐标、以高程尺寸为纵坐标的直角坐标网格，作为绘图的控制基准。
② 画假山的基本轮廓。绘制假山的整体轮廓线，并利用切割或垒叠的方法，逐渐画出各部分基本轮廓。
③ 依廓加皱、描深线条。根据假山的形状特征、前后层次、阴阳背向，依廓加皱，描深线条，体现假山的气势和质感。
④ 注写数字和文字。注写出坐标数字、轴线编号、图名、比例及有关文字说明。
⑤ 检查并完成全图。

3. 假山施工剖面图

(1) 内容
① 假山各山峰的控制高程。
② 假山的基础结构。
③ 管线位置、管径。
④ 植物种植池的做法、尺寸、位置。

(2) 绘制要求
① 画出图表控制线。图中如有定位轴线则先画出定位轴线，再画出直角坐标网格。
② 画出截面轮廓线。
③ 画出其他细部结构。
④ 检查底图并加深图线。在加深图线时，截面轮廓线用粗实线表示，其他用细实线画出。
⑤ 标注尺寸，注写标高及文字说明。注写出直角坐标值和必要的尺寸及标高，注写出轴线编号、图名、比例及有关文字说明。
⑥ 检查并完成全图。

4. 做法说明

在假山工程施工图中，根据需要应对下列各项具体做法进行说明：
(1) 山石形状、大小、纹理、色泽的选择原则。
(2) 山石纹理处理方法。
(3) 堆石方法。
(4) 接缝处理方法。
(5) 山石用量控制（见表 4-8）。

表 4-8　预算山石用量分配

使用地点	山石量/m³	大约规格、体量	取石地	说　　明
大假山 (1000m³)	500	1~3t	北海道浦河	1. 规格:1t 以下的需少量 2. 一般需 3 个自然面 3. 山皮石

续表

使用地点	山石量/m³	大约规格、体量	取石地	说　明
大假山 （1000m³）	30	3~5t	北海道浦河	1. 规格：1t 以下的需少量 2. 一般需 3 个自然面 3. 山皮石
	200	10t 以上，其中 20t 左右的山石 3~5 个	北海道浦河	1. 规格：1t 以下的需少量 2. 一般需 3 个自然面 3. 山皮石
			北海道浦河	20t 以上的山石中，需一个至少 4 个自然面、体量在 3m 高以上的峰石
塔院	100	1~2m，30~60cm，平台状	北海道浦河	1. 规格：1t 以下的需少量 2. 一般需 3 个自然面 3. 山皮石
水泉院	120	1~2m	北海道浦河	1. 规格：1t 以下的需少量 2. 一般需 3 个自然面 3. 山皮石
温室外围	80	2m<	北海道浦河	1. 规格：1t 以下的需少量 2. 一般需 3 个自然面 3. 山皮石
护坡石	200(约)	1.5t 以下	北海道浦河	此项对山石本身要求不高，但是用量需根据现场情况有增减
前区庭院	300	青灰色	中国	由设计认定形状、纹理等符合每一院落的具体要求
特殊石	5 个		中国	设计认定

第四节 水景工程施工图

水景工程,是与水体造园相关的所有工程的总称。它研究怎样利用水体要素来营造丰富多彩的园林水景形象。一般说来,水景工程主要包括喷泉工程、室内水景工程、园林水体建造工程及其岸坡工程等几部分。

一、水景的作用

1. 系带作用

水面具有将不同的园林空间和园林景点联系起来,而避免景观结构松散的作用,这种作用就叫做水面的系带作用,它有线型和面型两种表现形式。

(1) 将水作为一种关联因素,可以在散落的景点之间产生紧密结合的关系,互相呼应,共同成景。一些曲折而狭长的水面,在造景中能够将许多景点串联起来,形成一个线状分布的风景带。例如扬州瘦西湖,其带状水面绵延数千米,一直达到平山堂;众多的景点或依水而建,或深入湖心,或跨水成桥,整个狭长水面和两侧的景点就好像一条翡翠项链。水体这种方向性较强的串联造景作用,就是线型系带作用。

(2) 一些宽广坦荡的水面,如杭州西湖,则把环湖的山、树、塔、庙、亭、廊等等众多景点景物,和湖面上的苏堤、断桥、白堤、阮公墩等等名胜古迹,紧紧地拉在一起,构成了一个丰富多彩、优美动人的巨大风景面。园林水体这种具有广泛联系特点的造景作用,称为面型系带作用。

2. 统一作用

许多零散的景点均以水面作为联系纽带时,水面的统一作用就成了造景最基本的作用。如苏州拙政园中,众多的景点均以水面为底景,使水面处于全园构图核心的地位,所有景物景点都围绕着水面布置,就使景观结构更加紧密,风景体系也就呈现出来,景观的整体性和统一性就大大加强了。从园林中许多建筑的题名来看,也都反映了对水景的依赖关系(如倒影楼、塔影楼等)。水体的这种作用,还能把水面自身统一起来。不同平面形状和不同大小的水面,只要相互连通或者相互邻近,就可统一成一个整体。

3. 焦点作用

飞涌的喷泉、狂跌的瀑布等动态水景,其形态和声响很容易引起人们的注意,对人们的视线具有一种收聚的、吸引的作用。这类水景往往就能够成为园林某一空间中的视线焦点和主景。这就是水体的直接焦点作用。作为直接焦点布置的水景设计形式有喷泉、瀑布、水帘、水墙、壁泉等。

4. 基面作用

大面积的水面视域开阔坦荡,可作为岸畔景物和水中景观的基调、底面使用。当水面不大,但水面在整个空间中仍具有面的感觉时,水面仍可作为岸畔或水中景物的基面,产生倒影,扩大和丰富空间。如北京北海公园的琼华岛有被水面托起浮水之感。

二、水景的景观效果与表现

1. 水景的景观效果

水景的景观效果如图 4-36 所示。

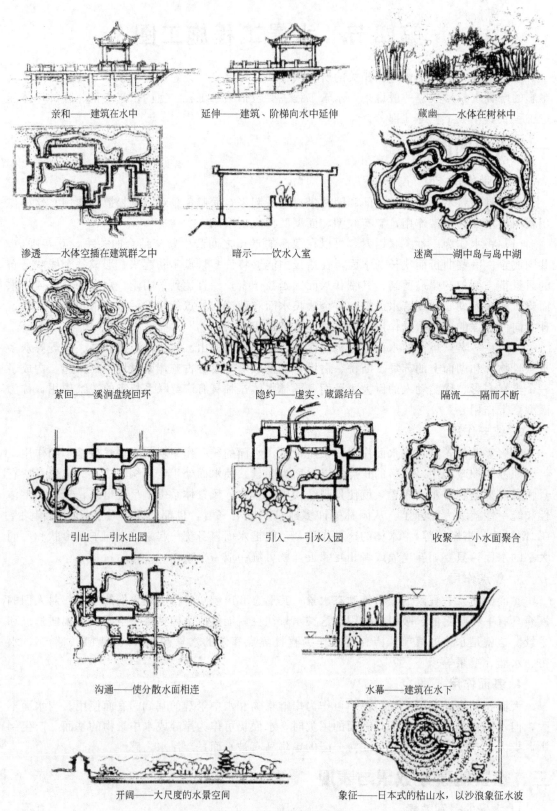

图 4-36 水景的景观效果

2. 水景的表现

（1）水景的表现形式（见表4-9）

表4-9 水景的表现形式

序号	项目	说明
1	幽深的水景	带状水体如河、渠、溪、涧等，当穿行在密林中、山谷中或建筑群中时，其风景的纵深感很强，水景表现出幽远、深邃的特点，环境显得平和、幽静，暗示着空间的流动和延伸
2	动态的水景	园林水体中湍急的流水、狂泄的瀑布、奔腾的跌水和飞涌的喷泉就是动态感很强的水景。动态水景给园林带来了活跃的气氛和勃勃的生气
3	小巧的水景	一些水景形式，如无锡寄畅园的八音涧、济南的趵突泉、昆明西山的珍珠泉，以及在我国古代园林中常见的流杯池、砚池、剑池、壁泉、滴泉、假山泉等等，水体面积和水量都比较小，但正因为小，才显得精巧别致、生动活泼，能够小中见大，让人感到亲切多趣
4	开朗的水景	水域辽阔坦荡，仿佛无边无际。水景空间开朗、宽敞，极目远望，天连着水、水连着天，天光水色，一派空明。这一类水景主要是指江、海、湖泊。公园建在江边，就可以向宽阔的江面借景，从而获得开朗的水景将海滨地带开辟为公园、风景区或旅游景区，也可以向大海借景，使无边无际的海面成为园林旁的开朗水景。利用天然湖泊或挖建人工湖泊，更是直接获得开朗水景的一个主要方式
5	闭合的水景	水面面积不大，但也算宽阔。水域周围景物较高，向外的透视线空间仰角大于13°，常在18°左右，空间的闭合度较大。由于空间闭合，排除了周围环境对水域的影响，因此，这类水体常有平静、亲切、柔和的水景表现。一般的庭园水景池、观鱼池、休闲泳池等水体都具有这种闭合的水景效果

（2）水体的表现形式（见表4-10）

表4-10 水体的表现形式

序号	项目	说明
1	规则式水体	这样的水体都是由规则的直线岸边和有轨迹可循的曲线岸边围成的几何图形水体。根据水体平面设计上的特点，规则式水体可分为方形系列、斜边形系列、圆形系列和混合形系列等四类形状。 (1)方形系列水体。这类水体的平面形状，在面积较小时可设计为正方形和长方形；在面积较大时，则可在正方形和长方形基础上加以变化，设计为亚字形、凸角形、曲尺形、凹字形、凸字形和组合形等。应当指出，直线形的带状水渠，也应属于方形系列的水体形状，如图4-37所示。 (2)斜边形系列水体。水体平面形状设计为含有各种斜边的规则几何形，中顺序列出的三角形、六边形、菱形、五角形，和具有斜边的不对称、不规则的几何形。这类池形可用于不同面积大小的水体，如图4-38所示。 (3)圆形系列水体。主要的平面设计形状有圆形、矩圆形、椭圆形、半圆形、月牙形等，这类池形主要适用于面积较小的水池，如图4-39所示。 (4)混合形系列水体。是由圆形和方形、矩形相互组合变化出的一系列水体平面形状，如图4-40所示

续表

序号	项目	说　　明
2	自然式水体	岸边的线型是自由曲线线型，由线围合成的水面形状是不规则的和有多种变异的形状，这样的水体就是自然式水体。自然式水体主要可分宽阔型和带状型两种。 (1) 宽型水体。一般的园林湖、池多是宽型的，即水体的长宽比值在(1~3)：1之间。水面面积可大可小，但不为狭长形状。 (2) 带状水体。水体的长宽比值超过3：1时，水面呈狭长形状，这就是带状水体。园林中的河渠、溪涧等都属于带状水体
3	混合式水体	这是规则式水体形状与自然式水体形状相结合的一类水体形式。在园林水体设计中，在以直线、直角为地块形状特征的建筑边线、围墙边线附近，为了与建筑环境相协调，常常将水体的岸线设计成局部的直线段和直角转折形式，水体在这一部分的形状就成了规则式的。而在距离建筑、围墙边线较远的地方，自由弯曲的岸线不再与环境相冲突，就可以完全按自然式来设计

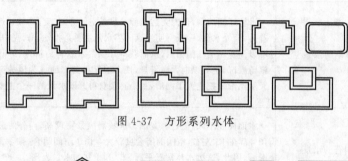

图4-37　方形系列水体

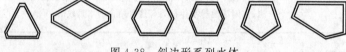

图4-38　斜边形系列水体

图4-39　圆形系列水体

图4-40　方圆形系列水体

三、水景工程施工图识读

1. 表达方式

(1) 视图的配置　水景工程施工图的基本图样是平面图、立面图和剖面图。水景工程构筑物，如驳岸、护坡等许多部分被土层覆盖，所以剖面图和断面图应用较多，如图4-41所示。其中图 4-41(a) 所示为驳岸的断面图；图 4-41(b) 所示为护坡的断面图。

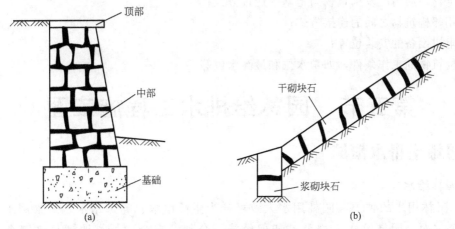

图 4-41　驳岸与护坡

驳岸可分为基础、中部和顶部三部分，如图 4-41(a) 所示。根据驳岸成型特点，可分整体式及自然式两种。其形式不同，在设计图的表达上也稍有差异。

(2) 其他表示方法

① 局部放大图。物体的局部结构用较大比例画出的图样称为局部放大图或详图。放大的样图必须标注索引标志和样图标志。

② 分层表示法。当构筑物有几层结构时，在同一视图内可按其结构层次分层绘制。相邻层次用波浪线分界，并用文字在图形下方标注各层名称。

③ 掀土表示法。被土层覆盖的结构，在平面图中不可见。为表示这部分结构，可假想将土层掀开后再画视图。

2. 水景工程施工图的内容

水景工程施工图主要有总体布置图和构筑物结构图。

(1) 总体布置图。总体布置图主要表示整个水景工程各构筑物在平面和立面的布置情况。总体布置图以平面布置图为主，必要时配置立面图。

为了使图形主次分明，结构上的次要轮廓线和细部构造均省略不画，用图例或示意图表示这些构造的位置和作用。图中一般只注写构筑物的外形轮廓尺寸和主要定位尺寸，主要部位的高程和填挖方坡度。总体布置图的绘图比例一般为 1：(200～500)。总体布置图的主要内容如下：

① 工程设施所在地区的地形现状、河流及流向、水面、地理方位等；

② 各工程构筑物的相互位置、主要外形尺寸、主要高程；

③ 工程构筑物与地面交线、填挖方的边坡线。

(2) 构筑物结构图。结构图是以水景工程中某一构筑物为对象的工程图，包括结构布置图、分部和细部构造图以及钢筋混凝土结构图。构筑物结构图必须把构筑物的结构形状、尺寸大小、材料、内部配筋及相邻结构的连接方式等都表达清楚。结构图包括平、立、剖面图，详图和配筋图，绘图比例一般为 1：(5～100)。构筑物结构图主要内容如下：

① 表明工程构筑物的结构布置、形状、尺寸和材料；

② 表明构筑物各分部和细部构造、尺寸和材料；

③ 表明钢筋混凝土结构的配筋情况；
④ 工程地质情况及构筑物与地基的连接方式；
⑤ 相邻构筑物之间的连接方式；
⑥ 附属设备的安装位置；
⑦ 构筑物的工作条件，如常水位和最高水位等。

第五节　园林给排水工程施工图

一、园林给排水概述

1. 园林给水

（1）园林用水的种类　园林用水大致可分为生活用水、养护用水、造景用水和消防用水四个方面，园林给水工程就是如何经济、合理、安全、可靠地满足这四个方面的需要。

① 生活用水，如餐厅、内部食堂、茶室、小卖部、消毒饮水器及卫生设备等的用水。
② 养护用水，包括植物灌溉、动物笼舍的冲洗及夏季广场园路的喷洒用水等。
③ 造景用水，各种水体（溪涧、湖泊、池沼、瀑布、跌水、喷泉等）的用水。
④ 消防用水，园林中的古建筑或主要建筑周围应该设消防栓。

园林中用水除生活用水外，其他方面用水的水质要求可根据情况适当降低。例如无害于植物、不污染环境的水都可用于植物灌溉和水景用水的补给。如条件许可，这类用水可取自园内水体；大型喷泉、瀑布用水量较大，可考虑自设水泵循环使用。

（2）园林用水的来源　园林工程由于其所在区域的供水情况不同，其取水方式也各不相同，但不外乎地表水和地下水两种。

① 地表水。包括江、河、湖塘和浅井中的水，这些水由于长期暴露于地面上，容易受到污染。有的甚至受到各种污染源的污染，水质较差，必须经过净化和严格消毒，才可作为园林用水。
② 地下水。包括泉水以及从深井中取用的水，由于其水源不易受污染，水质较好，一般情况下除作必要的消毒外，不必再净化。

（3）园林水质要求　园林用水的水质要求，可因其用途不同分别处理。养护用水只要无害于动植物不污染环境即可。但生活用水（特别是饮用水）则必须经过严格净化消毒，水质须符合国家颁布的卫生标准。在城区的园林，可以直接从就近的城市自来水管引水，在郊区的园林绿地如果没有自来水供应，只能自行设法解决；附近有本质较好的江湖水的可以引用江湖水；地下水较丰富的地区可自行打井抽水（如北京颐和园）。近山的园林往往有山泉，引用山泉水是最理想的。

如果取用的地表水较混浊，可加入混凝剂，经搅拌后，悬浮物即可凝絮沉淀，色度可减低，细菌亦可减少，但杀菌效果仍不理想，因此还须另行消毒。净化地面水，还可采用砂滤法。水的消毒方法很多，其中加氯法使用最普遍，通常以漂白粉放入水中进行消毒，它是强氧化剂，性质活泼，能将细菌等有机物氧化，从而将其杀灭。

（4）园林给水方式。根据给水性质和给水系统构成的不同，可将园林给水方式分成三种，见表4-11。

表 4-11　园林给水方式

序号	方式	说　　明
1	引用式	园林给水系统如果直接到城市给水管网系统上取水，就是直接引用式给水。采用这种给水方式，其给水系统的构成也就比较简单，只需设置园内管网、水塔、清水蓄水池即可。引水的接入点可视园林绿地具体情况及城市给水干管从附近经过的情况而决定，可以集中一点接入，也可以分散由几点接入
2	自给式	在野外风景区或郊区的园林绿地中，如果没有直接取用城市给水水源的条件，就可考虑就近取用地下水或地表水。以地下水为水源时，因水质一般比较好，往往不用净化处理就可以直接使用，因而其给水工程的构成就要简单一些。一般可以只设水井(或管井)、泵房、消毒清水池、输配水管道等。如果是采用地表水作水源，其给水系统构成就要复杂一些。从取水到用水过程中所需布置的设施顺序是：取水口、集水井、一级泵房、加矾间与混凝池、沉淀池及其排泥阀门、滤池、清水池、二级泵房、输水管网、水塔或高位水池等
3	兼用式	在既有城市给水条件，又有地下水、地表水可供采用的地方，接上城市给水系统，作为园林生活用水或游泳池等对水质要求较高的项目用水水源；而园林生产用水、造景用水等，则另设一个以地下水或地表水为水源的独立给水系统。这样做所投入的工程费用稍多一些，但以后的水费却可以大大节约

(5) 园林给水的特点

① 用水点分散。园林中布设的小品、水景很多，所以它的用水点较分散。

② 管网布置较复杂。园林用地遵循顺应自然，充分利用原有地形的原则，所以其用水点也都是就地形而布设。自然式园林地形的起伏较大，管网布置较复杂。

③ 对水质要求不同。园林中水的用途较广，可能用于游人的饮用，也可能是用于绿地养护或道路喷洒，不同方面的用水对水质要求不同。

④ 水的高峰期可以错开。园林中各种用水的用水时间几乎都不是同步的，如餐厅营业时间主要在中午前后，植物的浇灌则多在清晨或傍晚，所以用水的高峰期可以错开。

(6) 园林给水管网的布置

① 给水管网布设的原则。为了保证园林中各种用水的要求，使各项工作能顺利进行，布置设计给水管网时，应坚持以下原则：

a. 管网在给水区内必须满足用水点对水量和水压两个方面的要求。

b. 保证供水安全可靠，当个别管线发生故障时，断水范围应减到最少。

c. 管网造价很高，因此布置时应使管线最短。

d. 设计时还应考虑长远规划的要求，为以后给水管网的规划建设留有充分的余地。

② 管网布置形式。管网布置形式，可分为树状网和环状网两种形式：

a. 树状网。如图 4-42 所示，就是管线布置像树枝一样，从树干至树梢越来越细。树状网的特点：管线的长度比较短，节省管材，基建费用低；管网中如有一条管线损坏，它以后的管线都将断水，供水安全性较差。

b. 环状网。如图 4-43 所示，管网布置成若干个闭合环流管路。环状网特点：由于管线中的水流四通八达，当有部分管线损坏时，断水的范围较小；环状网中管网较长，所用阀门较多,因此工程投资较大。

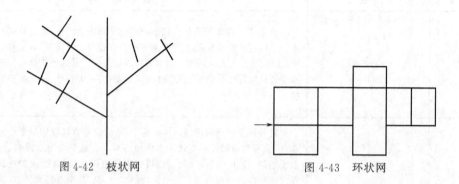

图 4-42　枝状网　　　　　　　图 4-43　环状网

2. 园林排水

园林排水工程的主要任务是把雨水、废水、污水收集起来并输送到适当地点排除,或经过处理之后再重复利用和排除掉。园林中如果没有排水工程,雨水、污水淤积园内,将会使植物遭受涝灾,滋生大量蚊虫并传播疾病;既影响环境卫生,又会严重影响园里的所有游园活动。因此,在每一项园林工程中都要设置良好的排水工程设施。

(1) 园林排水的种类 (见表 4-12)。

表 4-12　园林排水的种类

序号	种类	说　　明
1	天然降水	园林排水管网要收集、输送和排除雨水及融化的冰、雪水。这些天然的降水在落到地面前后,会受到空气污染物和地面泥沙等的污染,但污染程度不高,一般可以直接向园林水体如湖、池、河流中排放。 排除雨水(或雪水)应尽可能利用地面坡度,通过谷、涧、山道,就近排入园中(或园外)的水体,或附近的城市雨水管渠。这项工程一般在竖向设计时应该综合考虑。 除了利用地面坡度外,主要靠明渠排水,埋设管道只是局部的、辅助性的。这样不仅经济实用,而且便于维修。明渠可以结合地形、道路,做成一种浅沟式的排水渠,沟中可任植物生长,既不影响园林景观,又不妨碍雨天排水。在人流较集中的活动场所,为了安全起见,明渠应局部加盖
2	生产废水	盆栽植物浇水时多浇的水,鱼池、喷泉池、睡莲池等较小的水景池排放的水,都属于园林生产废水。这类废水一般也可直接向河流等流动水体排放。面积较大的水景池,其水体已具有一定的自净能力,因此常常不换水,当然也就不排出废水
3	游乐废水	游乐设施中的水体一般面积不大,积水太久会使水质变坏,所以每隔一定时间就要换水。如游泳池、戏水池、碰碰船池、冲浪池、航模池等,就常在换水时有废水排出。游乐废水中所含污染物不算多,可以酌情向园林湖池中排放

续表

序号	种类	说　　明
4	生活污水	园林中的生活污水主要来自餐厅、茶室、小卖部、厕所、宿舍等处。这些污水中所含有机污染物较多，一般不能直接向园林水体中排放，而要经过除油池、沉淀池、化粪池等进行处理后才能排放。如饮食部门污水主要是残羹剩饭菜渣及洗涤的废水，经沉渣、隔油后直接排入就近水体，这种水中含有各种养分，可以用来养鱼，也可以用作水生植物的肥料。水生植物能通过光合作用产生大量的氧溶解在水中，为污水的净化创造良好条件，所以在排放污水的水体中，最好种植根系发达的漂浮植物及其他水生植物。 粪便污水处理应用化粪池，经沉淀、发酵、沉渣、流体、再发酵澄清后，可排入城市污水管，少量的直接排入偏僻的园内水体中，这些水体也应种植水生植物及养鱼，化粪池中的沉渣定期处理，作为肥料。如经物理方法处理的污水无法排入城市污水系统，可将处理后的水再以生化池分解处理后，直接排入附近自然水体。 近年来逐渐兴起并推广的人工湿地污水处理是20世纪70年代开始研发的一种污水处理的技术，它具有处理效果好、维护管理简便、使用费用低、适应性强的特点，应是园林污水处理的发展方向

（2）园林排水体制　将园林中的生活污水、生产废水、游乐废水和天然降水从产生地点收集、输送和排放的基本方式，称为排水系统的体制，简称排水体制。排水体制主要有分流制与合流制两类（见图4-44）。

① 分流制排水。这种排水体制的特点是"雨、污分流"。因为雨雪水、园林生产废水、

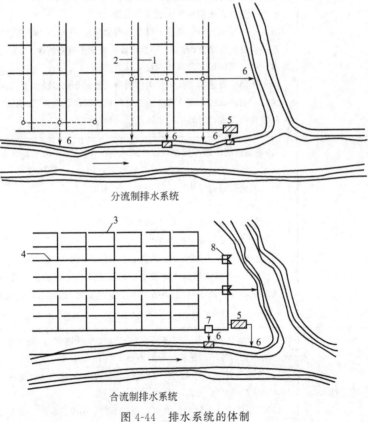

分流制排水系统

合流制排水系统

图4-44　排水系统的体制
1—污水管网；2—雨水管网；3—合流制管网；4—截流管；
5—污水处理站；6—出水口；7—排水泵站；8—溢流井

游乐废水等污染程度低,不需净化处理就可直接排放,为此而建立的排水系统,称雨水排水系统。为生活污水和其他需要除污净化后才能排放的污水另外建立的一套独立的排水系统,则叫做污水排水系统。两套排水管网系统虽然是一同布置的,但互不相连,雨水和污水在不同的管网中流动和排除。

② 合流制排水。排水特点是"雨、污合流"。排水系统只有一套管网,既排雨水又排污水。这种排水体制已不适于现代城市环境保护的需要,所以在一般城市排水系统的设计中已不再采用。

(3) 园林排水的方式　园林的排水方式主要有三种(见表4-13)。

表4-13　园林排水的方式

序号	方式	说明
1	地面排水	在进行地面排水设计时,要考虑原地形情况,要防止对地表造成的冲刷。应注意以下几点: (1)注意控制地面坡度,使之不致过陡。 (2)同一坡度的坡面不宜过长,防止径流一冲到底。 (3)在防止冲刷的同时要结合造景。比如在地面经流汇集处可根据水流的流向,在其径流路线上布设山石,形成"谷方",若布置自然得当,可成为优美的山谷景观。 (4)通常量较大的地面应进行铺装。比如近年来国外所采用的彩色沥青路和彩色水泥路,效果较好。 地面排水的方式可以归结为五个字,即拦、阻、蓄、分、导。 拦——把地表水拦截于园地或某局部之外。 阻——在径流流经的路线上设置障碍物挡水,达到消力降速以减少冲刷的作用。 蓄——蓄包含两方面意义,一是采取措施使土壤多蓄水;二是利用地表洼处或池塘蓄水。这对干旱地区的园林绿地尤其重要。 分——用山石建筑墙体等将大股的地表径流分成多股细流,以减少为害。 导——把多余的地表水或造成危害的地表径流利用地面、明沟、道路边沟或地下管及时排放到园内(或园外)的水体或雨水管渠中去
2	明渠排水	(1)明渠断面。根据需要和设计区的条件,可以采用梯形或矩形明渠。梯形明渠最小底宽不得小于0.3m。用砖石或混凝土块铺砌的明渠边坡,一般采用1:(0.75~1.0)。无铺砌的明渠边坡可以按表4-14采用。 (2)流速。 ①明渠最小设计流速一般不小于0.04m/s。 ②明渠最大设计流速见表4-15。 (3)超高。一般不宜小于0.3m,最小不得小于0.2m。 (4)转弯。明渠就地形修建时不可避免地要发生转折。在转折处必须设置曲线。曲线的中心线半径,一般土类明渠不小于水面宽的5倍,铺砌明渠不小于水面宽的2.5倍
3	管道排水	(1)雨水管的最小覆土深度根据雨水连接管的坡度,冰冻深度和外部荷载情况而定。雨水管的最小覆土深度一般不小于0.7m。 (2)最小管径和最小坡度。雨水管的最小管为300mm;雨水管的最小设计坡度为0.002。 (3)最小流速。各种管道在满流条件下的最小设计流速一般不小于0.75m/s。 (4)最大流速。管道为金属管时,最大流速10m/s;若管道为非金属管材,则其最大流速5m/s

表 4-14 明渠设计边坡

土质	边坡	土质	边坡
黏质砂土	1:(1.5~2.0)	半岩性土	1:(0.5~1.0)
砂质黏土和粉土	1:(1.25~1.5)	风化岩石	1:(0.25~0.5)
砾石土和卵石土	1:(1.25~1.15)		

表 4-15 明渠最大的设计流速

明渠土质	水深 h 为 0.4~1m 时的流速/(m/s)	明渠土质	水深 h 为 0.4~1m 时的流速/(m/s)
粗砂及贫砂质黏土	0.8	草皮护面	1.6
砂质黏土	1.0	干砌块石	2.0
黏土	1.2	浆砌砖	3.0
石灰岩或中砂岩	4.0	浆砌块石或混凝土	4.0

(4) 园林排水的特点　根据园林环境、地形和内部功能等方面与一般城市给水工程情况的不同，可以看出其排水工程具有以下几个主要方面的特点：

① 地形变化大，适宜利用地形排水。园林绿地中既有平地，又有坡地，甚至还可有山地。地面起伏度大，就有利于组织地面排水。利用低地汇集雨雪水到一处，使地面水集中排除比较方便，也比较容易进行净化处理。地面水的排除可以不进地下管网，而利用倾斜的地面和少数排水明渠直接排放入园林水体中。这样可以在很大程度上简化园林地下管网系统。

② 与园林用水点分散的给水特点不同，园林排水管网的布置却较为集中。排水管网主要集中布置在人流活动频繁、建筑物密集、功能综合性强的区域中，如餐厅、茶室、游乐场、游泳池、喷泉区等地方。而在林地区、苗圃区、草地区、假山区等功能单一而又面积广大的区域，则多采用明渠排水，不设地下排水管网。

③ 管网系统中雨水管多，污水管少。相对而言，园林排水管网中的雨水管数量明显地多于污水管。这主要是因为园林产生污水比较少的缘故。

④ 园林排水成分中，污水少，雨雪水和废水多。园林内所产生的污水，主要是餐厅、宿舍、厕所等的生活污水，基本上没有其他污水源。污水的排放量只占园林总排水量的很小一部分。占排水量大部分的是污染程度很轻的雨雪水和各处水体排放的生产废水和游乐废水。这些地面水常常不需进行处理而可直接排放；或者仅作简单处理后再排除或再重新利用。

⑤ 园林排水的重复使用可能性很大。由于园林内大部分排水的污染程度不严重，因而基本上都可以在经过简单的混凝澄清、除去杂质后，用于植物灌溉、湖池水源补给等方面，水的重复使用效率比较高。一些喷泉池、瀑布池等，还可以安装水泵，直接从池中汲水，并在池中使用，实现池水的循环利用。

(5) 园林排水管网布置　排水管网的布置形式主要有以下几种（见图 4-45）。

① 正交式布置。当排水管网的干管总走向与地形等高线或水体方向大致呈正交时，管网的布置形式就是正交式。这种布置方式适用于排水管网总走向的坡度接近于地面坡度和地面向水体方向较均匀地倾斜时。采用这种布置，各排水区的干管以最短的距离通到排水口，管线长度短，管径较小，埋深小，造价较低。在条件允许的情况下，应尽量采用这种布置方式。

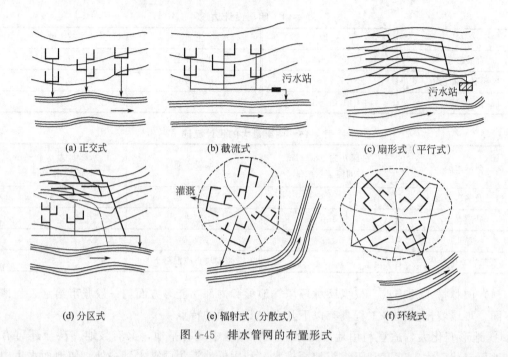

图 4-45 排水管网的布置形式

② 截流式布置。在正交式布置的管网较低处，沿着水体方向再增设一条截流干管，将污水截流并集中引到污水处理站。这种布置形式可减少污水对于园林水体的污染，也便于对污水进行集中处理。

③ 分区式布置。当规划设计的园林地形高低差别很大时，可分别在高地形区和低地形区各设置独立的、布置形式各异的排水管网系统，这种形式就是分区式布置。低区管网可按重力自流方式直接排入水体的，则高区干管可直接与低区管网连接。如低区管网的水不能依靠重力自流排除，那么就将低区的排水集中到一处，用水泵提升到高区的管网中，由高区管网依靠重力自流方式把水排除。

④ 辐射式布置。在用地分散、排水范围较大、基本地形是向周围倾斜的和周围地区都有可供排水的水体时，为了避免管道埋设太深和降低造价，可将排水干管布置成分散的、多系统的、多出口的形式。这种形式又叫分散式布置。

⑤ 扇形式布置。在地势向河流湖泊方向有较大倾斜的园林中，为了避免因管道坡度和水的流速过大而造成管道被严重冲刷的现象，可将排水管网的主干管布置成与地面等高线或与园林水体流动方向相平行或夹角很小的状态。这种布置方式又可称为平行式布置。

⑥ 环绕式布置。这种方式是将辐射式布置的多个分散出水口用一条排水主干管串联起来，使主干管环绕在周围地带，并在主干管的最低点集中布置一套污水处理系统，以便污水的集中处理和再利用。

二、园林给排水工程施工图识读

1. 给排水工程组成

给排水施工图是施工图的一个重要组成部分。给排水工程包括给水和排水工程两个方面，给水工程指取水、净水、输水和配水等工程；排水工程主要是指污水处理。给排水工程是由各种管线及其配件和水处理、存储设备组成的，给排水施工图就是表现整个给排水管线、设备、设施的组合安装形式,作为给排水工程施工的依据,常用的给排水图例见表 4-16。

表 4-16 常用给排水图例

序号	名称	图例	备注
1	生活给水管	—— J ——	—
2	热水给水管	—— RJ ——	—
3	热水回水管	—— RH ——	—
4	中水给水管	—— ZJ ——	—
5	循环冷却给水管	—— XJ ——	—
6	循环冷却回水管	—— XH ——	—
7	热媒给水管	—— RM ——	—
8	热媒回水管	—— RMH ——	—
9	蒸汽管	—— Z ——	—
10	凝结水管	—— N ——	—
11	废水管	—— F ——	可与中水原水管合用
12	压力废水管	—— YF ——	—
13	通气管	—— T ——	—
14	污水管	—— W ——	—
15	压力污水管	—— YW ——	—
16	雨水管	—— Y ——	—
17	压力雨水管	—— YY ——	—
18	虹吸雨水管	—— HY ——	—
19	膨胀管	—— PZ ——	—
20	保温管	～～～～	也可用文字说明保温范围
21	伴热管	————————	也可用文字说明保温范围
22	多孔管	—↑——↑——↑—	—

续表

序号	名称	图例	备注
23	地沟管		—
24	防护套管		—
25	管道立管	XL-1 平面　XL-1 系统	X为管道类别 L为立管 1为编号
26	空调凝结水管	—— KN ——	—
27	排水明沟	坡向 →	—
28	排水暗沟	坡向 →	—
29	管道伸缩器		—
30	方形伸缩器		—
31	刚性防水套管		—
32	柔性防水套管		—
33	波纹管		—
34	可曲挠橡胶接头	单球　双球	—
35	管道固定支架		—
36	立管检查口		—
37	清扫口	平面　系统	—

续表

序号	名称	图例	备注
38	通气帽	成品　蘑菇形	—
39	雨水斗	YD- 平面　YD- 系统	—
40	排水漏斗	平面　系统	—
41	圆形地漏	平面　系统	通用。如无水封，地漏应加存水弯
42	方形地漏	平面　系统	—
43	自动冲洗水箱		—
44	挡墩		—
45	减压孔板		—
46	Y形除污器		—
47	毛发聚集器	平面　系统	—
48	倒流防止器		—

续表

序号	名称	图例	备注
49	吸气阀		—
50	真空破坏器		—
51	防虫网罩		—
52	金属软管		—
53	法兰连接		—
54	承插连接		—
55	活接头		—
56	管堵		—
57	法兰堵盖		—
58	盲板		—
59	弯折管	高 低　低 高	—
60	管道丁字上接	高／低	—
61	管道丁字下接	高／低	—
62	管道交叉	低／高	在下面和后面的管道应断开
63	偏心异径管		—

续表

序号	名称	图例	备注
64	同心异径管		
65	乙字管		—
66	喇叭口		—
67	转动接头		—
68	S形存水弯		—
69	P形存水弯		—
70	90°弯头		—
71	正三通		—
72	TY三通		—
73	斜三通		—
74	正四通		—
75	斜四通		—

续表

序号	名称	图例	备注
76	浴盆排水管		—
77	闸阀		—
78	角阀		—
79	三通阀		—
80	四通阀		—
81	截止阀		—
82	蝶阀		—
83	电动闸阀		—
84	液动闸阀		—
85	气动闸阀		—
86	电动蝶阀		—
87	液动蝶阀		—

续表

序号	名称	图例	备注
88	气动蝶阀		—
89	减压阀		左侧为高压端
90	旋塞阀	平面　系统	—
91	底阀	平面　系统	—
92	球阀		—
93	隔膜阀		—
94	气开隔膜阀		—
95	气闭隔膜阀		—
96	电动隔膜阀		—
97	温度调节阀		—
98	压力调节阀		—
99	电磁阀		—

续表

序号	名称	图例	备注
100	止回阀		—
101	消声止回阀		—
102	持压阀		—
103	泄压阀		—
104	弹簧安全阀		左侧为通用
105	平衡锤安全阀		—
106	自动排气阀	平面　系统	—
107	浮球阀	平面　系统	—
108	水力液位控制阀	平面　系统	—
109	延时自闭冲洗阀		—
110	感应式冲洗阀		—

第四章　园林工程施工图

续表

序号	名称	图例	备注
111	吸水喇叭口	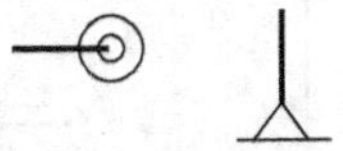 平面　系统	—
112	疏水器		—
113	水嘴	平面　系统	—
114	皮带水嘴	平面　系统	—
115	洒水(栓)水嘴		—
116	化验水嘴	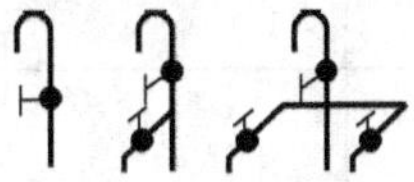	—
117	肘式水嘴	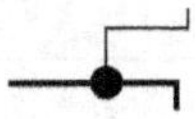	—
118	脚踏开关水嘴	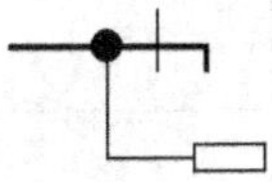	—
119	混合水嘴		—
120	旋转水嘴	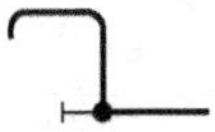	—
121	浴盆带喷头混合水嘴	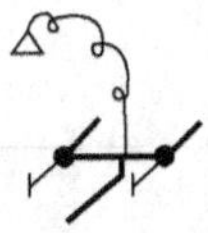	—
122	蹲便器脚踏开关	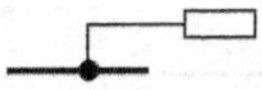	—

续表

序号	名称	图例	备注
123	矩形化粪池	→□○□ HC	HC为化粪池
124	隔油池	→□ YC	YC为隔油池代号
125	沉淀池	→□○□ CC	CC为沉淀池代号
126	降温池	→□ JC	JC为降温池代号
127	中和池	→□ ZC	ZC为中和池代号
128	雨水口（单箅）	□■	—
129	雨水口（双箅）	■□■	—
130	阀门井及检查井	J-×× W-×× ○ Y-××　　J-×× W-×× □ Y-××	以代号区别管道
131	水封井	⊘	—
132	跌水井	⊘	—
133	水表井	▶	—

续表

序号	名称	图例	备注
134	卧式水泵	平面　系统	—
135	立式水泵	平面　系统	—
136	潜水泵		—
137	定量泵		—
138	管道泵		—
139	卧式容积热交换器		—
140	立式容积热交换器		—
141	快速管式热交换器		—
142	板式热交换器		—
143	开水器		—
144	喷射器		小三角为进水端

续表

序号	名称	图例	备注
145	除垢器		—
146	水锤消除器		
147	搅拌器		—
148	紫外线消毒器		

2. 给排水施工图的内容

给排水施工图可分为室内给排水施工图与室外给排水施工图两大类,它们一般都由基本图和详图组成。

基本图包括管道平面布置图、剖面图、系统轴测图(又称管道系统图)、原理图及说明等。

详图要求表明各局部的详细尺寸及施工要求。

室内给排水施工图表示建筑物内部的给水工程和排水工程(如厕所、浴室、厨房、锅炉房、实验室等),主要包括平面图、系统图和详图。

室外给排水施工图表示一个区域或一个厂区的给水工程设施。

3. 给排水施工图的特点

(1) 图纸严格采用统一的符号和图例。给排水、采暖、工艺管道及设备常采用统一的图例和符号表示,见表4-16。

(2) 图例较多、线条复杂。给水排水管道系统图的图例线条较多,识读时比较困难,正确的识读方法是先找出进水源、干管、支管及用水设备、排水口、污水流向、排污设施等。

(3) 识读时应结合系统图和详图识读。给排水工程中常用轴测图投影的方法画出管道系统的立面布置图,用以表明各管道的空间布置状况。这种图称为管道系统轴测图,简称管道系统图。在绘制管道系统轴测图时要根据各层的平面布置绘制;识读时应把系统图和平面图对照识读。

(4) 给排水施工图与土建施工图中,留洞、打孔、预埋管沟等对土建的要求在图纸上要有明确的表示和注明。

4. 给排水管道平面图

(1) 室内给排水管道平面图 室内给排水管道平面图表示建筑物内的给水和排水工程内容,主要包括平面图、系统图和详图。室内与室外的分界一般以建筑物外墙为界,有时给水以进口处的阀门为界,排水以室外第一个排水检查井为界。

(2) 室外给排水管道平面图　室外给水系统的主要组成见表4-17。

表 4-17　室外给水系统的主要组成

序号	项目	说明
1	取水构筑物	指在水源建造的取水构筑物
2	一级水泵站	从取水构筑物取水,将水送到净水构筑物
3	净水构筑物	包括反应池、池淀池、澄清池、快滤池等,对水进行净化处理,使水质达到用水标准
4	清水池	储存处理过的净水
5	二级泵站	将清水加压送至输水管网
6	输水管	由二级泵站至水塔或配水管网的输水管道
7	水塔	收集、储备、调节二级泵站与用户之间的水量,并将水压入配水管网

5. 给排水管道系统图

给排水管道系统图分为给水系统和排水系统两大部分,是用轴测投影的方式来表示给排水管道系统的上、下层之间,前后、左右之间的空间关系的。在系统图中除注有各管径尺寸及主管编号外,还注有管道的标高和坡度。

6. 给排水管道详图

给排水管道详图又称大样图,它表示某些设备或管道节点的详细构造与安装要求。有的详图可直接查阅标准图集或室内给排水手册,如水表、卫生设备等安装详图。

第六节　园林电气施工图

一、园林工程常用电气图例

园林电气施工图是建筑施工图的一个组成部分,它以统一规定的图形符号辅以简单扼要的文字说明,把电气设计内容明确地表示出来,用以指导建筑电气的施工,是电气施工的主要依据,常用电气图例见表4-18。

表 4-18　常用电气图例

开关、控制和保护装置			
	图形符号	说明	旧符号
形式1		动合(常开)触点 注:本符号也可用作开关一般符号	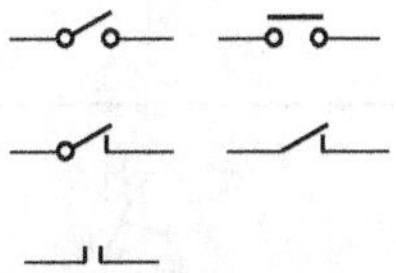
形式2			
		动断(常闭)触点	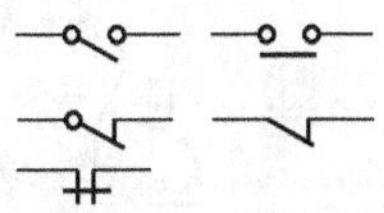

续表

开关、控制和保护装置			
图形符号		说明	旧符号
		先断后合的转换触点	
		中间断开的双向触点	
形式1		当操作器被吸合时延时闭合的动合触点	
形式2			接触器
形式1		当操作器被释放时延时断开的动合触点	
形式2			接触器
形式1		当操作器被释放时延时闭合的动断触点	
形式2			接触器
形式1		当操作器被吸合时延时断开的动断触点	
形式2			接触器
		吸合时延时闭合和释放时延时断开的动合触点	
		手动开关的一般符号	
		按钮开关(不闭锁)	

续表

开关、控制和保护装置		
图形符号	说明	旧符号
	拉拔开关(不闭锁)	
	旋钮开关、旋转开关(闭锁)	
	多极开关的一般符号单线表示	
	多线表示	
	接触器(在非动作位置触点断开)	
	具有自动释放的接触器	
	接触器(在非动作位置触点闭合)	
	断路器	
	隔离开关	
	具有中间断开位置的双向隔离开关	
	负荷开关(负荷隔离开关)	

续表

开关、控制和保护装置			
图形符号		说明	旧符号
		具有自动释放的负荷开关	
形式 1		操作器件一般符号	
形式 2			
		缓慢释放（缓放）继电器的线圈	
		缓慢吸合（缓吸）继电器的线圈	
		缓吸缓放继电器的线圈	
		快速继电器（快吸和快放）的线圈	
		对交流不敏感继电器的线圈	
		交流继电器的线圈	
		热继电器的驱动器件	
	$U=0$	零电压继电器	
	$I\leftarrow$	逆流继电器	

续表

| 开关、控制和保护装置 |||
图形符号	说明	旧符号
$P<$	欠功率继电器	
$I>$	延时过流继电器	
$U<$ 50.80V 130%	欠电压继电器 整定范围 50～80V,重整定比 130%	
	熔断器一般符号	
	供电端由粗线表示的熔断器	
	带机械连杆的熔断器（撞击器式熔断器）	
	具有独立报警电路的熔断器	
	跌开式熔断器	
	熔断器式开关	
	熔断器式隔离开关	
	熔断器式负荷开关	

续表

开关、控制和保护装置			
图形符号		说明	旧符号
↓↑ 火花间隙 (symbol)		火花间隙	
(symbol)		避雷器	

电力和照明			
规划的	运行的	说明	旧符号
○ V/V	⊘ V/V	变电所(示出改变电压)	▲
○-/~	⊘-/~	交流所(示出直流变交流)	▲
○	⊘	杆上变电站	▲
(symbol)	(symbol)	移动变电所	▲
(symbol)	(symbol)	防爆式移动变电所	
(symbol)	(symbol)	地下变电所	▲
	⊥	地下线路	⊥ ⊥
	‿	水下(海底)线路	⌒ ⌒
	—○—	架空线路	—□—□—
	○	管道线路	

续表

开关、控制和保护装置		
图形符号	说明	旧符号
)---- ----(	挂在钢索上的线路	
------------------	事故照明线	
——————————	50V及其以下电力及照明线路	
— — — — — — —	控制及信号线路（电力及照明用）	
用单线表示种线路示意图	用单线表示种线路	
用单线表示多回路示意图	用单线表示多回路线路（或电缆管束）	
——————————	母线一般符号	
●————————	装在支柱上的封闭式母线	
●————————	装在吊钩上的封闭式母线	
— — — — — — —	滑触线	
⟋	中性线	
⟋	保护线	
⟋	保护和中性共用线	
⟋ ⫽	具有保护线和中性线的三相配线	

续表

开关、控制和保护装置			
图形符号	说明		旧符号
	向上配线		
	向下配线		
	垂直通过配线		
	盒(箱)一般符号		
	带配线的用户端		
	配电中心(示出 5 根导线管)		
	连接盒或接线盒		
$a\frac{b}{c}Ad$	带照明灯的电杆 a—编号 b—杆型 c—杆高 d—容量 A—连接相序		
	电缆铺砖保护		
	电缆穿管保护		
	电缆预留		
	母线伸缩接头		
	电缆中间接线盒		

续表

开关、控制和保护装置		
图形符号	说明	旧符号
	电缆分支接线盒	
	屏、台、箱、柜一般符号	
	动力或动力-照明配电箱	
	信号板、信号箱（屏）	
	照明配电箱（屏）	
	事故照明配电箱（屏）	
	多种电源配电箱（屏）	
	直流配电盘（屏）	
	交流配电盘（屏）	
	按钮一般符号	
	按钮盒	
	带指示灯的按钮	
	单相插座 暗装 密闭（防水） 防爆	

续表

开关、控制和保护装置		
图形符号	说明	旧符号
	带接地插孔的单相插座 暗装 密闭（防水） 防爆	
	带接地插孔的三相插座 暗装 密闭（防水） 防爆	
	插座箱（板）	
	开关一般符号	
	单极开关 暗装 密闭（防水） 防爆	明装 暗装 密闭
	双极开关 暗装 密闭（防水） 防爆	明装 暗装 密闭

续表

图形符号	说明	旧符号
开关、控制和保护装置		
 (四种三极开关符号图示)	三极开关 暗装 密闭（防水） 防爆	明装 暗装 密闭 
(单极拉线开关符号)	单极拉线开关	(旧符号图示)
 (单极双控拉线开关符号)	单极双控拉线开关	
(双控开关符号)	双控开关（单极三级）	
 (带指示灯开关符号)	具有指示灯的开关	
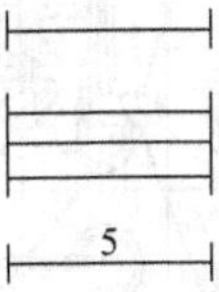 (荧光灯符号，标注5)	荧光灯的一般符号 三管荧光灯 五管荧光灯	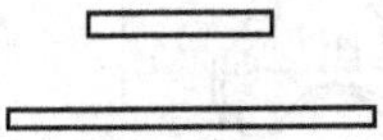 荧光灯列

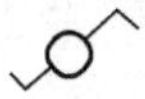

二、电气施工图的内容与组成

电气施工图一般由首页、电气外线总平面图、电气平面图、电气系统图、设备布置图、控制原理图和详图等组成，见表4-19。

表4-19　电气施工图的内容与组成

序号	项目	说　　明
1	首页	首页的内容主要包括图纸目录、图例、设备明细表和施工说明等
2	电气外线总平面图	电气外线总平面图是根据建筑总平面图绘制的变电所、架空线路或地下电缆位置并注明有关施工方法的图样
3	电气平面图	电气平面图是表示各种电气设备与线路平面布置的图纸，它是电气安装的重要依据
4	电气系统图	电气系统图是概括整个工程或其中某一工程的供电方案与供电方式，并用单线连接形式表示线路的图样。它比较集中地反映了电气工程的规模

续表

序号	项目	说 明
5	设备布置图	设备布置图是表示各种电气设备的平面与空间的位置、安装方式及其相互关系的图纸
6	控制原理图	控制原理图是单独用来表示电气设备及元件控制方式及其控制线路的图样，主要表示电气设备及元件的启动、保护、信号、联锁、自动控制及测量等。通过控制原理图可以知道各设备元件的工作原理、控制方式，掌握建筑物的功能实现的方法等
7	详图	详图一般采用标准图，主要表明线路敷设、灯具、电气安装及防雷接地、配电箱（板）制作和安装的详细做法和要求

三、电气平面图

电气平面图是电气安装的重要依据，它是将同一层内不同高度的电器设备及线路都投影到同一平面上来表示的。平面图一般包括变配电平面图、动力平面图、照明平面图、防雷接地平面图及弱电（电话、广播）平面图等。如图 4-46 所示为某屋顶花园的供电、照明平面图。

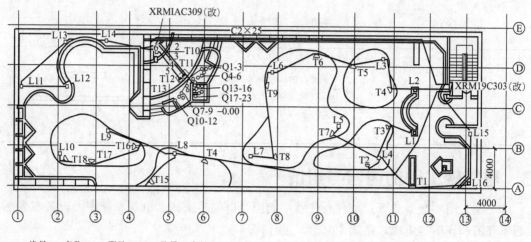

图 4-46 某屋顶花园的供电、照明平面图

注：1. 灯具选用广州实德灯具厂产品。
2. 水下灯接线盘选用上海特种灯具厂产品。
3. 穿线钢管预埋，管口距地 10cm，用防水橡胶封口。
4. XRM19C309 的安装高度为 2.00m，插座留在配电盘上。

四、电气系统图

电气系统图分为电力系统图、照明系统图和弱电（电话、广播等）系统图。电气系统图上标有整个建筑物内的配电系统和容量分配情况、配电装置、导线型号、截面、敷设方式及管径等。

五、电气详图

电气安装工程的局部安装大样、配件构造等均要用电气详图表示出来才能施工。一般的施工图不绘制电气详图，电气详图与一些具体工程的做法均参考标准图或通用图册施工。有些设计单位为避免重复作图，提高设计速度，还自行编绘了通用图集供安装施工使用。

参 考 文 献

[1] 吴机际. 园林工程制图. 广州：华南理工大学出版社，2009.
[2] 王晓畅，刘睿颖. 园林制图与识图. 北京：化学工业出版社，2009.
[3] 周佳新. 园林工程识图. 北京：化学工业出版社，2008.
[4] 刘新燕. 园林工程建设图纸的绘制与识别. 北京：化学工业出版社，2004.
[5] 中国风景园林学会园林工程分会，中国建筑业协会古建筑施工分会. 园林绿化工程施工技术. 北京：中国建筑工业出版社，2008.
[6] 贾天科，成彬. 工程图与表现图投影基础（上册）. 北京：中国建筑工业出版社，2006.
[7] 张吉祥. 园林制图与识图. 北京：中国建筑工业出版社，1999.
[8] 黄钟琏. 建筑阴影和透视. 上海：同济大学出版社，1989.
[9] 钱剑林. 园林工程. 苏州：苏州大学出版社，2009.
[10] 裴丽娜，王连威，等. 建筑识图与房屋构造. 北京：北京理工大学出版社，2009.
[11] 梁玉成. 建筑识图. 北京：中国环境科学出版社，2007.